Prof. Wolf Wrisch

Technik Gestaltung Ausdruck

AQUARELL MALEREI

Von der Realität zum Bild

FALKEN

Die Abbildungen auf den Seiten 1, 2 und 4 zeigen unterschiedliche gestalterische Herangehensweisen an dasselbe Motiv: Colleoli, ein kleines Dorf in der Toskana
Wolf Wrisch
1989

Inhalt

Einleitung für Lehrende und Lernende

Das Buch richtet sich tatsächlich an Lernende und Lehrende – die sind ebenso an sinnvollen Empfehlungen, Informationen und Aufgaben interessiert wie Lernende

Hilfen und praktische Aufgaben!

Ich möchte an dieser Stelle einige sehr persönliche Anmerkungen machen.
Ich bin mir im klaren darüber, daß es sehr schwierig ist, nur durch ein Buch die Aquarellmalerei zu erlernen. Es kann kaum den Lehrer oder den Mitlernenden ersetzen. Im Grunde hat diese Tatsache anfangs für mich auch immer dagegen gesprochen, ein Aquarell-Lehrbuch zu schreiben.
Zwei Dinge haben dann doch dazu geführt, daß nun ein weiteres derartiges Buch vorliegt: Erstens habe ich inzwischen so viele Kurse, Seminare und Malreisen erfolgreich durchgeführt, die sich schwerpunktmäßig mit der Aquarellmalerei befaßt haben, daß es einfach nur konsequent ist, mehr Interessierten meine Erfahrungen und die meiner Kursteilnehmer zu vermitteln. So sind die Aufgaben, die sich Ihnen hier stellen, und die Hilfen, die ich Ihnen geben werde, in jahrzehntelangem Unterricht praktisch erprobt. Verschiedene Lösungswege und Lösungen wurden verändert und überarbeitet und haben sich schließlich in der Praxis als nützlich erwiesen.
Zweitens besteht – trotz der vielen bereits vorliegenden Anleitungsbücher – ganz offensichtlich noch immer ein großes Interesse daran. Für viele von Ihnen ist es also nicht das erste Aquarellbuch, das Sie in die Hand nehmen. Vielleicht sind Sie von manchen Büchern enttäuscht worden. Sie wollten Ihnen nämlich nur die Bildideen und die Malweise des Autors oder desjenigen, der die Bilder für das Buch gemalt hat, vermitteln. Aber das kann nicht das Ziel eines solchen Buches sein!
Vielmehr sollen Sie Ihre eigenen Ideen, Ihre persönliche Art zu sehen, sogar Ihre Gefühle, Ihre Hoffnungen, Ahnungen und Ängste in Bilder „übersetzen", sie wenigstens mit einbringen. Dazu gibt es eine Vielzahl von Hilfen (einige davon sind in den Kapiteln „Realität und Bildrealität" und „Gestaltungsabsichten" dargestellt).
Aber diese Hilfen, diese Angebote, stellen nur die eine Seite eines Buches dar. Die andere Seite betrifft Sie selbst; Sie müssen das Buch ernsthaft lesen und nicht nur, auf der Suche nach „Rosinen", darin herumblättern. Sie müssen die Aufgaben bearbeiten.
Auch wenn ich über weite Passagen scheinbar nur mit Ihnen plaudere: Nichts von dem, was ich geschrieben habe oder an Bildern zeige, ist wirklich überflüssig; nichts sollte übersprungen werden.
Der beabsichtigte Unterschied zu manchen anderen Lehrbüchern ist hier also der, daß Sie sich beim Lernen unbedingt an die vorgegebene Reihenfolge der drei Lernfelder und der einzelnen Kapitel halten sollten. Dies heißt allerdings dann auch, daß nicht immer nur vorzeigbare Bilder dabei entstehen. Meine Anleitung soll eben kein Hobbykurs mit folgender platter Zielorientierung sein: schicke, bunte „Bildchen" und ansonsten lediglich nur schulterklopfendes Machenlassen. Vielmehr soll das Buch wirkliches Lernen ermöglichen und Prozesse in Gang bringen.
Dazu müssen Sie allerdings manch Altes und Bekanntes bis zu einem gewissen Grad aufgeben, sonst ist Entwicklung nämlich nicht möglich. Und das bedeutet wiederum, daß manchmal tatsächlich nur „Murks" dabei herauskommt, daß Sie völlig verärgert sein werden. Bitte brechen Sie an diesem Punkt den Lernprozeß nicht ab! Daß an dieser Stelle keine Kunstwerke entstehen, ist völlig normal. Anders ist intensives Lernen gar nicht vorstellbar. Bewerten Sie sich und Ihre Arbeit also nicht andauernd, sondern üben Sie unverkrampft – wieder und wieder.
Nun sind Sie vielleicht enttäuscht. Sie haben erwartet, etwas Leichtes, Spielerisches – denn so wirkt die Aquarellmalerei – zu erlernen. Und das Lernen sollte genauso leicht und spielerisch verlaufen, wie die Bilder auf Sie wirken. Und nun haben Sie vielleicht schon in diesem Buch geblättert und festgestellt, daß es nicht eines der üblichen Hobbybücher ist – mit Tricks und Kniffen und der absolut sicheren Gebrauchsanweisung in drei Übungen, acht Schritten und mit einem Klempnerladen an Hilfsmitteln und Krücken. So geht das Malenlernen nämlich (leider oder glücklicherweise) nicht! Die Illusion, die manche Bücher in diesem Zusammenhang wecken, ist einfach Augenwischerei. Vielleicht haben Sie es ja bereits gehört oder gelesen: Trotz der weitverbreiteten gegenteiligen Auffassung ist die

Aquarellmalerei eine sehr schwer zu erlernende Maltechnik. Viel schwerer jedenfalls als solche Verfahren, die mit deckenden Farben arbeiten. Also zum Beispiel auch die Ölmalerei. Aber darauf komme ich später zurück. Wichtig erscheint mir allerdings an dieser Stelle, Mut zu machen, sich dennoch mit der Aquarellmalerei zu befassen. Die Technik als solche ist zwar schwierig, aber durchaus erlernbar. (Es spielen schließlich auch nicht alle Musiker nur auf der Blockflöte, weil dieses Instrument sehr leicht zu erlernen ist.) Die „Kunst ist aber nicht zu erlernen", schrieb Wassily Kandinsky in einem Aufsatz. Und weiter: „Die großen Kunstepochen hatten immer ihre ‚Lehre'... Diese ‚Lehren' konnten nie das Element des Intuitiven ersetzen, weil das Wissen an und für sich unfruchtbar ist. Es muß sich mit der Aufgabe begnügen, das Material und die Methode zu liefern. Fruchtbar ist die Intuition, die dieses Material und diese Methode als Mittel zum Zweck braucht. Der Zweck kann aber ohne die Mittel nicht erreicht werden, und in diesem Sinne wäre auch die Intuition unfruchtbar. Kein ‚entweder – oder', sondern ‚und'." Das eine, nämlich Wissen über das Material und die Methode, erscheint mir im Rahmen dieses Buches, wenn Sie sich ehrlich und verbindlich darauf einlassen, durchaus vermittelbar. In dieser Hinsicht werden Sie sicherlich recht weit kommen. Ihrer Intuition können hier nur Anstöße gegeben werden. Durch konkrete Aufgaben jedoch, Empfehlungen oder gar Rezepte läßt sich Kunst nicht erlernen.

Nun ist die Grenzziehung zwischen dem, was tatsächlich als Kunst gilt, und dem, was „nur" Hobbykunst darstellt, eher fragwürdig. Ich möchte an dieser Stelle auch einer Diskussion darüber aus dem Wege gehen. Sie führt nämlich zu nichts. Viel ehrlicher und für Sie nachvollziehbarer finde ich es, darzustellen, warum mir als Betrachter Bilder bedeutsam erscheinen; welches die Gründe sind, weshalb ich sie mir gerne ansehe; und wieso ich sie interessant, anregend oder auch beunruhigend finde (ich versuche das anhand der Abbildungen zu erläutern). Das jedenfalls sind Aspekte, die nicht nur bei der Betrachtung von Bildern wichtig sind, sondern auch bei ihrer Herstellung. Vor allem sind sie von Ihnen überprüfbar.

Um das noch einmal zu betonen: Mir geht es zuerst einmal darum, daß Sie die Technik beherrschen lernen. Mir geht es natürlich auch darum, daß Sie Gestaltungsprinzipien erlernen – und mir geht es darum, daß Sie mit Ihren Bildern den Objekten, die Sie darstellen, wirklich gerecht werden. Daß das Bild aus der Toskana, an einem sinnlichen Frühsommertag gemalt, also nicht so aussieht, als wäre es eine norddeutsche Landschaft mit unfreundlichem Novemberwetter. Mir geht es vor allem aber darum, daß Sie Ihre eigenen Ausdrucksmöglichkeiten finden und entwickeln.

Colleoli, so wie es wirklich aussieht. Ist es nun aber das Ziel von Kunst, die Wirklichkeit genauso noch einmal zu machen? „Unmöglich" und „zwecklos", meinte dazu einer der bedeutendsten Aquarellisten des 20. Jahrhunderts, August Macke. Lernen auch Sie vielmehr – und dazu wird dieses Buch beitragen –, Ihre persönliche Sicht der Dinge zu malen. Außerdem werden Sie erkennen, daß es nicht nur eine einzige Bildlösung gibt. In jedem Fall sollten Sie immer wieder neue Sichtweisen entwickeln, deren Ausführung erproben und die Ergebnisse vergleichen. Sie werden erstaunt sein, daß die „nachgemachte Realität" Ihnen schon recht bald nicht mehr als das höchste Ziel der Aquarellmalerei erscheinen wird

Käthe Westerhausen
Verlassenes Grundstück mit Palme
1988

Um dahin zu kommen, sollten Sie dieses Buch so benutzen, als würden Sie an einem Malkurs teilnehmen. Ich habe bewußt eine sehr persönliche Sprache gewählt. Ich habe so geschrieben, wie ich mit meinen Kursteilnehmern spreche. Auch wenn Sie sich erst einmal in diesen Stil einlesen müssen: Sie werden bald feststellen, daß auch die kleinen Geschichten am Rande durchaus Antworten auf die Fragen geben, die Sie in einem Kurs stellen könnten. Das wichtigste ist jedenfalls, daß Sie sich darauf einlassen, daß Sie mitmachen und vor allem, daß Sie nicht ungeduldig sind – weder mit mir, noch mit sich selbst. Ich habe versucht (schon die Überschrift dieser Einleitung sagt es), hier ein Buch vorzulegen, das sich gleichzeitig an die Lehrenden und an die Lernenden der Aquarellmalerei wendet.
Möglicherweise werden Sie sich fragen, ob das denn sinnvoll ist. Und ob es sich für Sie denn lohnt, ein Buch anzuschaffen, das zwei derartig verschiedene Zielgruppen hat. Nach meiner Erfahrung unterscheiden sich die Lehrenden jedoch gar nicht so sehr von den Lernenden.
Ohne den Lehrern und Kursleitern, welche die Aquarellmalerei vermitteln, zu nahe treten zu wollen, kann davon ausgegangen werden, daß sie die gleichen Schwierigkeiten haben oder wenigstens hatten wie die Lernenden. Meist mußten sie sich diese Fertigkeit nämlich selbst aneignen. Oft nur mit Hilfe von Büchern. In jedem Fall durch eigenes Ausprobieren, Üben und Erfahrungensammeln. Merkwürdigerweise ignorieren fast alle Kunsthochschulen die Aquarellmalerei vollkommen. Ihr haftet das Image der Hobbymalerei an. Obwohl Kunstprofessoren und -historiker wissen sollten, daß bedeutende Künstler – auch des 20. Jahrhunderts – Aquarelle gemalt haben. Hinzu kommt aber, daß die

Käthe Westerhausen
Palme
1988
Die Aquarelle stellen den siebten und achten Versuch dar, mit demselben Motiv fertig zu werden. Manchmal ist es tatsächlich erforderlich, eine Aufgabe wieder und wieder zu bearbeiten – so lange, bis sie vom Technischen her und als Bild (das sind zwei verschiedene Betrachtungsebenen, auf die ich weiter hinten im Buch ausführlich eingehe) befriedigen. In diesem Fall reichte es nicht aus, die Hofsituation in ihrem melancholischen Charme wiederzugeben. Vielmehr ging es darum, das Thema zu klären und auf das Wesentliche zu reduzieren. So blieb schließlich nur noch die Palme übrig: eine souveräne und als Aquarell in hohem Maße gelungene Bildlösung

Hochschulen in ihrem Selbstverständnis mehr als Ort der künstlerischen Anregung, Auseinandersetzung und Produktion gelten, weniger als Lernorte. Grundsätzliche gestalterische Fähigkeiten und Fertigkeiten werden dort nur selten vermittelt. Insbesondere aber die Aquarellmalerei verlangt in großem Maße praktische (handwerkliche) Vorbereitung und umfangreiche materialbezogene Kenntnisse. Darüber hinaus stellt sich dem Lehrenden auch immer wieder die Frage nach dem Vermittlungsweg. Also danach, welche Empfehlungen, Übungen und Aufgaben sinnvoll und hilfreich sind. Dieses Buch will auch darauf ein paar Antworten geben. An vielen Stellen verweise ich im Text auf gruppenbezogene Aufgaben, die unmittelbar auf die praktische Kursplanung übertragbar sind.

Keine kleine Geschichte der Aquarellmalerei

Sie haben richtig gelesen: keine kleine Geschichte der Aquarellmalerei. Das ist zugegebenermaßen eine recht merkwürdige Kapitelüberschrift. Aber kunstgeschichtliche Darstellungen – insbesondere wenn sie lediglich eine Reihe von Künstlerpersönlichkeiten und ihre charakteristischen Malweisen beschreiben – sind eher langweilig und nichtssagend, als daß daraus Erkenntnisse und Anregungen für die eigene gestalterische Arbeit abgeleitet werden können. Nach meiner Auffassung wären sie in einem solchen Buch, das im wesentlichen die Technik der Aquarellmalerei vermitteln möchte, nur ein Seitenfüller, verschwendetes Papier also. Erfahrungsgemäß wird über so etwas auch meist hinweggelesen, da es entweder nicht sonderlich interessiert; oder es interessiert Sie, und dann wäre die Darstellung natürlich viel zu knapp und oberflächlich. Sie müßten sich daher ohnehin ein Buch besorgen, das die Entwicklung der Aquarellmalerei ausführlicher vermittelt.
Zwei Bücher möchte ich Ihnen in diesem Zusammenhang empfehlen. Das erste ist meines Erachtens das zur Zeit beste Buch über die Aquarellmalerei überhaupt: Walter Koschatzky, Die Kunst des Aquarells. Ich kenne es als Taschenbuchausgabe und leinengebunden. Es ist inzwischen zum Standardwerk für diejenigen geworden, die sich intensiver mit der Aquarellmalerei befassen. Neben der ausführlichen geschichtlichen Darstellung werden theoretische und praktische Grundlagen dieser Technik ausführlich erläutert. Allerdings ist es kein Buch, das Ihnen hilft, die Aquarellmalerei zu erlernen. Vielmehr ermöglicht es aufgrund des umfangreichen und fundierten Informationsmaterials einen sicheren Standpunkt in bezug auf die Aquarellmalerei zu finden – eine Technik, über die ansonsten so viel Unfug verbreitet wird wie über keine andere Malweise.
Wer sich nur für die kunstgeschichtliche Entwicklung der Aquarellmalerei interessiert, dem sei als zweites folgendes Buch empfohlen: Jean Leymarie, Das Aquarell. Es ist als Leinenausgabe erschienen. Neben dem hervorragend reproduzierten Bildmaterial zeichnet es sich vor allem dadurch aus, daß der Verfasser nicht zuerst einen Text geschrieben hat, den er nachträglich bebilderte. Vielmehr verdeutlicht Leymarie die Entwicklung weitgehend anhand der gezeigten Bilder selbst, die er ausführlich bespricht und vergleicht.

Die Frage nach dem Warum

Kunsthistorische Darstellungen sind meines Erachtens erst dann wirklich interessant, wenn sie nicht nur die Frage nach dem Wer, Was und Wann beantworten, sondern insbesondere das Warum beleuchten. Warum hat Albrecht Dürer plötzlich am Ende des 15. Jahrhunderts Aquarelle geschaffen, die noch auf uns so frisch wirken; die so unmittelbar sinnlich erlebte Landschaft darstellen? Hinweise darauf, daß dafür irgendwelche Vorbilder existierten, gibt es nicht. Es ist unbekannt, was dies vorbereitet hätte. Aber auch darüber wundern wir uns nicht. Schließlich haben wir gelernt, geschichtliche Entwicklungen und große Leistungen immer als Taten berühmter Männer anzusehen: Alexander hat Kleinasien erobert, die Pharaonen haben die Pyramiden gebaut, und – wie uns manche Lehrbücher weismachen wollen – Turner hat die Aquarellmalerei erfunden. Aber ohne die vielen Krieger hätte Alexander nichts erreicht, ohne die versklavten Arbeiter stünden die Pyramiden nicht, und – wie ist das in bezug auf Turner und die Aquarellmalerei?
Auch Künstler unterliegen, so bedeutend sie auch sein mögen, den Einflüssen und Entwicklungen ihrer Zeit. Sie mögen durch ihre Sensibilität und ihre Fähigkeit unkonventionelle Wege und Lösungen finden, Veränderungen früher wahrnehmen und in ihren Werken zum Ausdruck bringen; aber auch sie werden, wie jeder andere Mensch, selbst davon beeinflußt. Warum konnte sich die Aquarellmalerei in der 2. Hälfte des 18. Jahrhunderts in England zu einer solchen Blüte entwickeln, und wie konnte ein Maler, nämlich Joseph Mallord William Turner, zu einem so herausragenden Künstler werden, daß mancher der Meinung ist, er habe die Aquarellmalerei erfunden?

Die Aquarellmalerei besitzt eine besondere Frische und Durchsichtigkeit, so daß sie wie kein anderes Malverfahren Licht und Luft, Tiefe und Raum, Vegetation und Atmosphäre wiedergeben kann – die perfekte Technik für die Landschaftsmalerei also. Schon um die Mitte des 17. Jahrhunderts „entdeckten" einzelne Künstler die Natur (Nicolas Poussin, Claude Lorrain, aber auch Rembrandt oder Anthonius van Dyck). Nur herrschte noch vor allem in Frankreich und Deutschland eine Einstellung zur Landschaftsmalerei, die stark vom Barock geprägt war.

Um diese Situation anschaulich zu machen, bitte ich Sie, sich einmal einen Barockgarten vorzustellen: ein streng geometrisch geordnetes Gebilde, in Anlage und Gestalt konsequent auf die Gebäude bezogen – da bleibt wenig Raum für ein Naturschauspiel. In England dagegen entwickelte sich die Vorstellung, daß ein Garten kaum anders als ein Stück freier Landschaft sein sollte. Ein wenig verdichtet, „malerisch" und idealisiert, aber durchaus der Natur nachempfunden: So entstand etwas, das wir als den „Englischen Garten" bezeichnen.

Joseph Mallord William Turner
Venedig, San Giorgio Maggiore
von Dogana aus
1819

Zeitströmungen und Kunstmarkt

In einer solchen geistigen Umgebung konnte sich natürlich die Aquarellmalerei als Landschaftsdarstellung ausgezeichnet entwickeln. Sie entsprach nicht nur den Vorstellungen und Sehnsüchten der Menschen, sondern, was keinesfalls unterschätzt werden darf (wovon aber selten geredet wird): Es gab Käufer für solche Bilder. Es entstand ein Markt, ein Kunstmarkt. Dadurch wurden viele junge Maler angeregt, sich mit dieser Gestaltungsart zu beschäftigen. Es entstanden Künstlerfreundschaften und -gemeinschaften. Sogar eine Art Aquarellistenverein wurde gegründet. All das ist natürlich in hohem Maße anregend. Turner, so schrieb dann auch Koschatzky in dem oben erwähnten Buch, studierte alle nur möglichen Mittel der anderen Künstler intensiv, ja verbissen – die der alten wie der neuen Maler, die er nachahmte, kopierte, um ihre Wirkungen und Effekte zu gewinnen. So konnte er schließlich völlig frei mit dem Rüstzeug der gesamten Tradition vor ein Motiv treten.
Ich glaube, daß Sie nun verstehen, was ich meine: Die Blüte der Aquarellmalerei wäre nicht möglich gewesen, ohne daß es eine entsprechende geistige Strömung gegeben hätte. Und Turner entwickelte seine künstlerischen Tätigkeiten durchaus im Kontakt mit anderen Künstlern.

Aus der Kunstbetrachtung lernen

Doch dies alles vermittelt uns nicht nur Verständnis für die künstlerische Entwicklung. Wenn Sie genauer gelesen haben, war da noch mehr: Turner ahmte auch nach, er kopierte. Auch heute – warum sollte sich das geändert haben? – können wir viel davon lernen, wenn wir Kunstwerke nachvollziehen. Ich schreibe bewußt „nachvollziehen", weil die Bilder nicht oberflächlich abgemalt werden sollen. Vielmehr muß analysiert werden, wie das Bild entstanden ist, und erst dann sollte es nachvollzogen werden. Dabei brauchen Sie nicht einmal an der Vorlage zu kleben.
Für diese Aufgabe habe ich das Bild von Seite 11 ausgewählt. Wie hat Turner es gemalt? Zuerst (Sie sehen das im linken Drittel der Übung) hat er in der Verlauftechnik die erste Farbschicht auf das Papier gebracht: im Himmel mit einem lichten Blau beginnend, zart in einen Gelbton (eine Art Neapelgelb) übergehend, der immer wässeriger wird, dann nach unten wieder ins Blau verlaufend. Anschließend ließ er das Blatt trocknen.
Der zweite Schritt (in der Mitte der Übung) beginnt mit einer zarten Lasur in einem Ockerton. Sie umfaßt die vordere Insel mit allen Gebäuden und die Boote. Bevor er weitermalte, ließ er das Blatt wieder gut trocknen. Zwischendurch hatte er wohl gesehen, daß der Blauton im Vordergrund zu idealisierend wirkte. Da vermutlich auch damals schon das Wasser der Lagune von Venedig nicht ganz klar war, legte er einen Schmuddelton über das Blau im Vordergrund. Die Farbe ist so ziemlich genau die Mischung aus den bis dahin verwendeten Farben. Der Farbauftrag war so naß und großzügig, daß die Farbschicht entsprechend verlaufen ist.
Der nächste Schritt nach dem erneuten Trocknen war wieder eine Lasur. Mit Blau legte er die Insel im Hintergrund an, die Schattenpartien der Gebäude im Vordergrund (über den Ockerton gemalt, darum sind die Blautöne dort auch kräftiger als die im Hintergrund) und – allerdings leicht granulierend – die Spiegelung der Insel im Vordergrund.
Abschließend hat er mit einem Braunton die Takelage der Schiffe ergänzt und mit etwas Deckweiß den Vordergrund „aufgepeppt" (was ja eigentlich, übrigens auch damals, nicht gemacht werden sollte).
Da Sie wahrscheinlich noch nicht so recht wissen, was die Lasur- und Verlauftechnik sind und was Granulieren bedeutet, können Sie die Übung im Augenblick noch nicht machen. Wenn Sie aber so weit sind, kommen Sie unbedingt wieder darauf zurück! Wie gesagt: Auch Turner wurde nur zu einem bedeutenden Künstler, weil er viel getan, vor allem eben auch Bilder kopiert hat.

Irmgard Kung
Übung nach Turner
1990

Die Veränderung der Realität im Bild

Wir haben uns also mit einem Aquarell Turners beschäftigt, um herauszubekommen, wie er die Wirkung dieses Bildes erzielt hat, wie er es praktisch gemacht hat – mit der Absicht, diese Herangehensweise auch für unsere eigene Malerei übernehmen zu können.
An einem anderen Beispiel will ich Ihnen noch einen Gesichtspunkt verdeutlichen, der für die Beschäftigung mit Kunstgeschichte spricht. Ich habe dazu ein Bild von August Macke ausgewählt: Innenhof des Landhauses in Saint-Germain, Tunis, von 1914.
Ich werde im Kapitel „Realität und Bildrealität" sehr intensiv darauf eingehen, daß ein Bild – wenn es sich überhaupt mit Realität (also mit Gegenständen, Personen, Landschaften) auseinandersetzt – immer eine „Übersetzung" dieser Realität ist. Macke selbst hat dazu geschrieben: „Vom Kunstwerk nun verlangen wir keine genaue Aufzählung alles dessen, was in der Natur vorhanden ist. Hätte die Kunst die Mittel, alles zu geben . . ., hieße das nichts anderes, als die Natur noch einmal zu machen. Wer von der Kunst das verlangt, verlangt erstens etwas Zweckloses, zweitens Unmögliches."
Betrachten wir nun das Bild „Innenhof des Landhauses Saint-Germain". Was macht den Reiz dieses Bildes aus, und wie kann man den Übersetzungsvorgang beschreiben? Das Bild, „ursprünglich eine dumme, leere Fläche", wie Macke selbst einmal schrieb, gliedert sich in geometrisierend vereinfachte Farbfelder, die mit heftigen Kontrasten von kühlen Blau- und Blaugrüntönen und sehr warmem Orangegelb die Hitze der nordafrikanischen Sonne und die wohltuende Kühle der Schattenzonen sinnlich erlebbar machen. Der Unterschied zwischen Licht und Schatten wird durch die scharfen Hell-Dunkel-Kontraste verstärkt. Eine „Übersetzung" im Unterschied zur nachgemachten Natur ist das Bild in vielerlei Hinsicht. Die vereinfachten Flächen erwähnte ich schon. Darüber hinaus löst er weitgehend den traditionellen perspektivischen Bildraum auf. Zwar stehen der Baum und der Zaun rechts deutlich im Vordergrund, aber die Personen, die Gebäude, der Baum links und auch das Laub des vorderen Baumes befinden sich in nur einer Tiefenebene.

August Macke
Innenhof des Landhauses in Saint-Germain, Tunis
1914

Macke greift in diesem Bild auf seine ganz persönliche Art und Weise die Formensprache des Kubismus auf und „spielt" mit Flächigkeit und Räumlichkeit. Ihre verständliche Frage danach, warum er das tut, läßt sich recht einfach beantworten. Bis hierher ging es nämlich in erster Linie wieder (nur?) um Einsichten, um Erkenntnisse. Nun aber wollen wir wieder für unsere eigene gestalterische Praxis von diesem Beispiel profitieren. Aus einigen Indizien läßt sich schließen, daß Macke – über den Anspruch hinaus, sein sinnliches Erleben zu vermitteln (warm – kühl, die durch Bäume gegen die Sonne abgeschirmte Intimität des Hofs, die Nähe und so weiter), und unabhängig vom Bildgegenstand – eine spannungsreiche Komposition schaffen wollte.

Eine Skizze nach dem nebenstehenden Bild von August Macke; sie zeigt, was der Künstler ursprünglich malen wollte (hier ein Ausschnitt)

Komposition

Natürlich ist so etwas nicht berechenbar, nicht einmal verbindlich planbar, aber August Mackes Bemühen um eine klare kompositionelle Gliederung läßt sich nachweisen. In meinen Kursen lasse ich manchmal dieses Bild zurückübersetzen, also so malen, daß es die Realität – die es dann aufzufinden gilt – ähnlicher wiedergibt. Da muß man dann sehr genau hinsehen. Betrachten Sie einmal die weiße Fläche neben dem knienden Gärtner: Da sehen Sie mit Bleistift skizziert eine Treppe, außerdem noch eine Art Pergola oder ein Gerüst, über das man vielleicht einen Sonnenschutz hängen könnte. Beides hat August Macke zwar skizziert, aber nicht gemalt. Statt dessen setzte er an die Stelle, an die er eigentlich die Treppe hätte malen müssen, einen grünen Fleck, um seine Vorstellung von einer gelungenen (besseren) Bildkomposition zu verwirklichen. Er brauchte genau dort das Grün (und den dunklen, blauen Fleck darüber, der sich genausowenig aus der vorgefundenen Realität ableiten läßt), um die Farben auf der Fläche auszubalancieren.

Stellen Sie sich ein Mobile vor. Obwohl es ausgeglichen und stabil erscheint, läßt die kleinste Veränderung das ganze Objekt kippen. Und um einen erneuten Ausgleich zu schaffen, muß oft das gesamte Gefüge verändert werden. Für Macke war dieser Aspekt der Bildgestaltung wichtiger als die naturgetreue Wiedergabe der realen Situation.

Sie sehen, daß der künstlerische Umgang mit der Realität auf (Spiel-)Regeln beruht, die der Künstler selbst definiert. Die Entscheidung dazu fällt nicht ganz leicht oder gar leichtfertig. Das Kunstwerk ist nämlich nicht nur, nicht einmal in erster Linie, dem Gegenstand, also der Realität verpflichtet. Spätestens seit der künstlerischen Entwicklung des ausgehenden 19. Jahrhunderts ist das Bild als solches, völlig unabhängig davon, was es darstellen soll oder will, zum gleichwertigen, wenn nicht sogar eigenständigen Gestaltungsobjekt geworden. Ich komme darauf später zurück.

Überlegungen für die Praxis

Hier lediglich erst einmal eine Art Resümee. Wir beschäftigen uns mit den Kunstwerken aus Vergangenheit und Gegenwart nicht nur, um Einsichten und Erkenntnisse in bezug auf Entwicklungen und Zusammenhänge zu bekommen, sondern vor allem auch im Hinblick auf die eigene künstlerische Arbeit. Demnach interessiert uns:

- Welche gestalterischen Entscheidungen hat der Künstler getroffen?

Im oben gezeigten Beispiel: Was hat der Künstler mit der Realität getan, wie hat er sie verändert, um zu seiner Gestaltung, zu seinem Bild zu kommen, und mit welcher Absicht hat er dies wohl getan?

- Inwieweit entsprechen oder widersprechen diese gestalterischen Entscheidungen meiner eigenen Auffassung? Helfen sie mir, eigene künstlerische Ziele zu finden, zu verändern, mich ihrer zu versichern . . .?
- Wie ist der Künstler vorgegangen, wie hat er die gestalterische Aufgabe in technischer Hinsicht gelöst?
- Sind solche Lösungswege für die eigene gestalterische Praxis von Bedeutung?

Lernfeld 1

TECHNIK

Material, Zubehör, Arbeitsplatz

Farbe – einen Zugang finden
Aquarellfarben
Farben sehen - analysieren – mischen
Pinsel
Papier
Arbeitsplatz

Der Umgang mit dem Pinsel

Das „Instrument" kennenlernen
Pinselübungen für den Anfang

Aquarelltechniken

Sich einen Überblick verschaffen
Landschaften malen – in angemessenen Techniken

Farbe – einen Zugang finden

Bei der Auseinandersetzung mit dem Phänomen „Farbe" muß beachtet werden, daß dabei zwei kaum miteinander in einen sinnvollen Zusammenhang zu bringende Blickrichtungen existieren: das subjektive Empfinden auf der einen und die objektiven (physikalischen und chemischen) Eigenschaften und Gesetzmäßigkeiten auf der anderen Seite. Ersteres entzieht sich einer kurzen, klaren Darstellung; und die Erläuterung des zweiten Bereichs (Grundlagen des Farbsehens, der Farbtheorien und so weiter) mag zwar interessant sein, aber für den praktischen Umgang mit Aquarellfarben ist sie ziemlich bedeutungslos. Sinnvoll erscheint mir allerdings die Klärung einiger Begriffe. Insbesondere solcher, die später bei den konkreten Aufgaben verwendet werden.

Wichtige Begriffe

Um Ihre eigenen Arbeiten und die Bilder anderer beurteilen zu können, sollten Sie sich unbedingt theoretisch und praktisch mit diesen Begriffen vertraut machen.

Farbton

Als Farbton wird im allgemeinen das bezeichnet, was in der Umgangssprache „Farbe" genannt wird, also Gelb, Orange, Rot, Violett und so weiter.

Grautöne

Sie entstehen natürlich durch Mischung von Schwarz und Weiß. Aber nicht nur. Und da die Aquarellmalerei streng genommen die Ver-

Grautöne entstehen durch Mischung der Primärfarben Gelb, Rot und Blau (obere Reihe). Dabei spielt es keine Rolle, ob die Mischung der Farben im wässerigen Zustand erfolgt (Mitte) oder ob sie lasierend übereinander aufgetragen werden (unten)

wendung von Weiß verbietet (weiße Bildpartien werden einfach freigelassen), und da auch Schwarz eher sparsam oder überhaupt nicht benutzt werden sollte, sind andere Wege angemessener – übrigens in bezug auf die Ergebnisse auch viel schöner: Grau kann aus reinen Farben ermischt werden!

Primärfarben

Erstens können Sie Grau durch die Mischung aller drei Primärfarben Gelb, Rot und Blau entstehen lassen. Primärfarben (auch Grundfarben genannt) sind die Farben, aus denen Sie alle anderen Farben mischen können. Sie sind selbst nicht durch Mischung herstellbar.

Komplementärfarben

Zweitens entsteht Grau durch Mischung der sogenannten Komplementärfarben. Komplementärfarben nennt man die Farbtöne, die sich auf dem Farbkreis genau gegenüberstehen. Diese Komplementärfarben werden auch als Ergänzungs- oder Ausgleichsfarben bezeichnet, weil das Auge sie – zum Ausgleich – von selbst bildet. Wenn Sie beispielsweise einen roten Farbfleck anstarren und dann auf eine weiße Fläche blicken, sehen Sie ein grünes „Nachbild". Grün und Rot stehen sich auf dem Farbkreis gegenüber.

Grautöne entstehen durch Mischung der Komplementärfarben

Ein gleichschrittiger Farbkreis mit Farben, die im Buchdruck Verwendung finden

Sättigungsgrad

Mit dem Sättigungsgrad wird die jeweilige Intensität der Farbe bezeichnet. Er kann – in bezug auf die Aquarellmalerei – auf zwei Arten verringert werden: Entweder verdünnt man die Farbe mit Wasser (obere Reihe), oder man mischt die Komplementärfarbe hinzu (zweite Reihe).

Eine weitere Möglichkeit, den Sättigungsgrad einer Farbe zu verringern, ist das Zusetzen von Weiß. Diese Methode ist für die Aquarellmalerei zwar ohne Bedeutung; ich erwähne sie dennoch, weil ich damit noch einmal auf die Tatsache hinweisen möchte, daß Farbtöne, denen Weiß zugesetzt wird, nicht etwa leuchtender und kräftiger werden – wie mancher denkt –, sondern im Gegenteil verblassen und an Intensität verlieren! Ganz wichtig erscheint mir der Hinweis darauf, daß die Intensität auch dadurch geschwächt wird, daß Sie schlechtes Papier, schmutzige Farbnäpfe, Pinsel oder trübes Wasser verwenden.

Tonwerte

Etwas komplizierter ist der Begriff Tonwerte (oder Dunkelstufen) zu erklären. Da er aber immer wieder auftaucht, meist im Zusammenhang mit der „Tonwertemalerei", will ich es versuchen: Der Tonwert einer Farbe gibt, unabhängig von seiner Sättigung, seine Helligkeit an. Er wird durch Vergleich mit einer Grauskala bestimmt, was natürlich eher ein theoretisches Verfahren ist, als daß es in der praktischen Arbeit wirklich Verwendung findet. Es gibt jedenfalls wenig Sinn, sich deswegen eine solche Skala anzuschaffen. Für die künstlerische Arbeit reicht es meist aus, bei der Betrachtung der Farbe die Augen leicht zusammenzukneifen. Die dadurch verringerte Lichtmenge, die die Netzhaut des Auges erreicht, wird kaum noch genügen, um die Sehzellen, die das Farbsehen ermöglichen, zu reizen. Diese Zellen benötigen nämlich weitaus mehr Licht als die, die für das Hell-Dunkel-Sehen „zuständig" sind. Die Folge davon

Verringerung des Sättigungsgrades: In der oberen Reihe durch Hinzufügen von Wasser, darunter durch Zumischen der Komplementärfarbe

kennen Sie aus dem Sprichwort „Nachts sind alle Katzen grau". Bei geringem Licht wird die Farbwahrnehmung vermindert. Wir sehen in erster Linie nur noch hell-dunkel, also Grauwerte. Wir können mit zusammengekniffenen Augen daher die Dunkelstufen eines Aquarells schon recht verläßlich beurteilen.
Der gezielte Umgang mit den Tonwerten einer Farbe (oder sehr ähnlicher Farbtöne) wird in der sogenannten Tonwertemalerei zum zentralen Gestaltungsprinzip. Nicht nur, daß solche Arbeiten oft sehr sensibel und reizvoll sein können: Sie sind auch eine gute Übung zum bewußten Umgang mit der Hell-Dunkel-Verteilung und gezielter Schwerpunktsetzung im Bild. Ich werde bei den praktischen Aufgaben wieder darauf zurückkommen: Unter dem Thema „Das monochrome Aquarell" (also ein Aquarell mit nur einem Farbton, aber mit stark differenzierten Tonwerten) sollen derartige Erfahrungen gesammelt werden (siehe Seite 70 und 92).

Eines sollten Sie auf jeden Fall noch wissen: Der Tonwertebereich der unterschiedlichen Farben ist durchaus nicht immer gleich groß. So besteht zum Beispiel Gelb nur aus recht hellen Tonwerten. Falls Sie also ein Bild mit nur einer Farbe malen wollen, wählen Sie besser keinen Ton, dessen Tonwertebereich nur sehr eng ist. Vergleichen Sie den jeweils intensivsten Aufstrich Ihrer Farbe einmal mit der hier abgedruckten Grauskala. Der Umfang entspricht allen Grauwerten, die rechts von dem vergleichbar dunklen Kästchen liegen.
Hier noch ein Übungsvorschlag:
Unterteilen Sie ein Blatt Aquarellpapier in so viele Streifen (mit sieben Feldern), wie Ihr Kasten Farben enthält. Ermitteln Sie dann den dunkelsten Farbton, und malen Sie eine Reihe mit abnehmender Helligkeit. Wenn Sie danach die anderen Reihen aufbauen, müssen natürlich links manchmal einige Kästchen frei bleiben – da gleiche Helligkeitswerte immer genau untereinander stehen sollten.

Eine Tonwerteskala von Krapplack dunkel (oben), darunter eine Grauskala mit dazu passenden Stufen (ihr voller Umfang hätte nach links noch etwa drei Dunkelstufen). Rechts: eine Tonwerteskala von Lichter Ocker I mit geringem Umfang

Farben erproben und einordnen

Da die Kenntnis der objekten Gesetzmäßigkeiten von Farbe recht belanglos ist, habe ich Ihnen bisher längere Abhandlungen über Lichtwellen, Spektralfarben, über absorbierte oder reflektierte Strahlen und komplizierte Farbgloben erspart. Mir erscheint es allerdings notwendig, die eigenen tatsächlich vorliegenden Farben so weit zu kennen, daß Sie wenigstens wissen, durch welche Mischungen welche Farben herstellbar sind. In diesem Zusammenhang verwende ich in meinen Kursen den Vergleich mit dem Klavierspieler, dessen Ausdrucksmöglichkeiten doch sehr begrenzt und allzusehr vom Zufall geprägt wären, wenn er nicht genau wüßte, welche Taste welchen Ton erzeugt und wie es klingt, wenn unterschiedliche Töne gleichzeitig oder hintereinander angeschlagen werden.

Rot ist nicht gleich Rot

Bei allem Bemühen um „richtige" Informationen geht es mir nicht in erster Linie um exakte Wissenschaftlichkeit, sondern darum, daß die Informationen anschaulich sind, so daß Sie ganz praktisch etwas damit anfangen können. Bei dem weiter vorn vorgestellten Farbkreis gilt das allerdings nur mit Einschränkungen: Manches von dem, was da durchaus logisch erscheint, funktioniert in der Praxis, also mit Ihren Farben, nicht oder nur unbefriedigend. Die Farben des Farbkreises waren gedruckt. Drucker verwenden Farben, bei denen Mischungen genau das ergeben, was zu erwarten ist, die wegen ihres Mischungsverhaltens entwickelt wurden. Aquarellfarben sind nicht unter diesem Gesichtspunkt entwickelt worden. Die Druckfarbe Gelb ist genau das „richtige" Gelb, das Rot das „richtige" Rot (Magenta) und das Blau (Cyan) stimmte auch. In den jeweiligen Mischungen entsprechen die Ergebnisse dem, was man zum Beispiel

Eine Mischreihe aus Kadmiumrot hell und Ultramarin feinst (oben). Unten habe ich einen anderen Rotton verwendet: Krapplack dunkel

Vergleichen Sie den gedruckten Farbkreis von Seite 18 einmal mit den Farbtönen Ihres Aquarellkastens. Zum einen sehen Sie, daß die Farbbezeichnungen nur bedingt Hilfen darstellen. So entspricht Kadmiumrot weniger dem „reinen" Rot als Krapplack dunkel, in dem die Bezeichnung „Rot" überhaupt nicht auftaucht. Zum anderen können Sie durch den Vergleich die Position Ihrer Farben auf dem Farbkreis erkennen

Für die sechs Farben aus der oberen Reihe des 12er Kastens von Schmincke sähe das etwa so aus wie auf der Abbildung links. Sollten Sie andere Farben verwenden, verschieben sich die Positionen entsprechend

vom Farbkreis her erwarten konnte. Rot und Blau mischen sich zu ausdrucksstarken Violettönen. In Ihrem Aquarellkasten (mit 12 Farben) gibt es nun aber mehrere Gelb-, Rot- und Blautöne. Nicht jeder kann der „richtige" Farbton sein. Versuchen Sie einmal, mit Kadmiumrot hell und Ultramarin feinst ein Violett auszumischen. Mein Ergebnis sehen Sie links oben.
Nun versuchen Sie es mit Kadmiumrot hell und Preußischblau. Vermutlich sieht auch dieses Ergebnis nicht sehr viel anders aus. An den Blautönen liegt es offenbar nicht. Wenn Sie statt des verwendeten Rottons aber Krapplack dunkel mit (egal welchem) Blau mischen, ergibt sich etwas anderes (unten).
Wir stellen also fest, daß Kadmiumrot hell wohl genaugenommen nicht „das" Rot ist. Krapplack dunkel erfüllt die Bedingungen schon eher. Vergleichen Sie Ihre Farben mit denen des gedruckten Farbkreises und ordnen Sie diese entsprechend in den Farbkreis.

Ein besonderer Farbkreis

Wenn Sie viel Zeit und Lust haben, können Sie alle Primärfarben untereinander mischen, um die Fülle von Farbtönen zu erleben, die allein bei der Mischung der sechs Farben Ihrer oberen Kastenreihe (bei 12 Farben) entstehen: Der Farbkreis wird dabei zu einem recht umfangreichen Gebilde, weil die Grundfarben Gelb, Rot und Blau jeweils doppelt besetzt sind. Erst die Mischungen zeigen, welche dieser Töne den Grundfarben wirklich am nächsten kommen. Wenn Sie jede Farbe mit jeder anderen (also nur paarweise) mischen wollen, ergibt sich ein ähnliches Farbgebilde (das natürlich noch vervollständigt werden muß) wie unten.

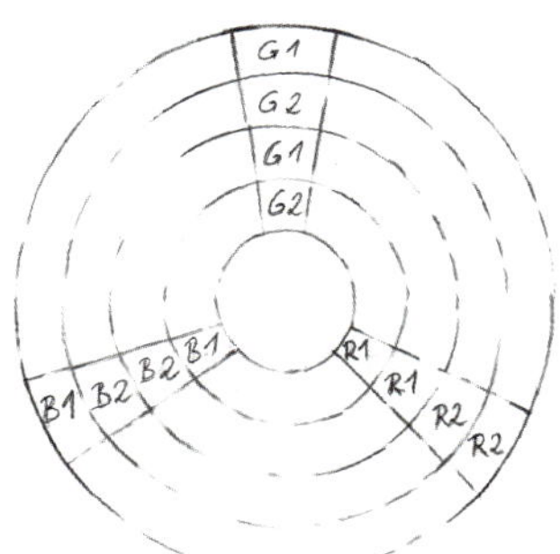

Komplementärfarben steigern sich zu höchster Leuchtkraft – nebeneinander gemalt

Links wurde die Farbe bereits gemischt auf das Papier gebracht; in der Mitte liefen sie ineinander; rechts liegen Lasuren übereinander

Aus zwei Rottönen (genannt R1 und R2), zwei Blautönen (B1/B2) sowie zwei Gelbtönen (G1/G2) entsteht ein vierschaliger Farbkreis: Jede Komponente wird mit jeder anderen in Abstufungen gemischt. Wie man dazu die Ausgangsfarben anordnet, zeigt die kleine Skizze

Reine und gebrochene Töne

Neben den Grund- oder Primärfarben werden auch alle Mischungen aus zwei (nur zwei!) solchen Tönen als „reine Farben" bezeichnet. Wenn zu diesen Mischungen jedoch die dritte Primärfarbe hinzugefügt wird, ergeben sich gebrochene Nuancen, die als „farbige" Grautöne bezeichnet werden.
Zur Erinnerung: Grautöne entstanden auch beim Mischen von Komplementärfarben. Der Vorgang ist demnach völlig identisch.

Mischungen aus zwei Primärfarben sind Sekundärfarben, die logischerweise mit der einzigen noch verbliebenen Primärfarbe in einem komplementären Verhältnis stehen. Ist die Intensität, also der Sättigungsgrad aller drei Komponenten gleich, entsteht ein neutrales Grau.
Werden aber solche Komplementärfarben nicht gemischt, sondern als reine Farben nebeneinander gesetzt, steigern sie sich gegenseitig zu höchster Leuchtkraft. Die obere Reihe zeigt einige Paarungen.
Aus diesen Farbeigenschaften ergeben sich zahlreiche Gestaltungsmöglichkeiten, auf die ich in meinen Ausführungen zur Bildgestaltung später zurückkomme.
Zum Schluß dieses Abschnitts muß noch ein – für die Aquarellmalerei ganz wichtiger – Gesichtspunkt dargestellt werden. Bisher meinte ich, wenn ich vom Mischen schrieb, immer das Mischen der verflüssigten Farben im Kastendeckel oder auf einer Palette. Mindestens ebenso bedeutend ist aber die Mischung auf dem Papier, die sich in vielfältigen Verläufen (im Ineinanderlaufen der Farben) und vor allem: im Mischen durch Lasuren zeigt (untere Reihe).

Aquarellfarben

Nachdem Sie nun die ersten Grundbegriffe zur Farbe an sich, zu ihren Beziehungen, Intensitäten und so weiter kennengelernt und möglichst auch praktisch erprobt haben, sollen Sie einiges zur Aquarellfarbe als Material erfahren – Informiertsein schützt Sie vor unnötigen Geldausgaben und Enttäuschungen.

Pigmente und Bindemittel

Fast alle Farben (nicht nur Aquarellfarben) ähneln sich in ihrer Zusammensetzung. Sie bestehen im wesentlichen aus dem eigentlichen Farbmittel, dem sogenannten Pigment, und einem Bindemittel, das diese Farbteilchen auf der Malfläche festhält. Gäbe es diese Bindemittel nicht, würde das Pigment, das Sie beispielsweise mit Wasser auf das Papier auftragen, vielleicht zum Teil in das Papier eindringen. Der größte Teil allerdings würde wieder herunterfallen, wenn die Malfläche bewegt oder angefaßt würde.
Die Pigmente, die dem Aquarell oder auch zum Beispiel dem Ölbild die Farbe geben, sind im Grund die gleichen. Beim Aquarell dienen besondere Gummiarten als Bindemittel. Beim Ölbild sind es Öle, die beim Trocknen fest werden und so die Bindung übernehmen. Der Gummi der Aquarellfarbe ist und bleibt wasserlöslich. Das heißt, daß sich die Farbe, so wie sie sich leicht aus den Näpfen herauslösen läßt, auch dann löst, wenn Sie wieder mit dem feuchten Pinsel über die bereits gemalten Bildteile hinweggehen. Dadurch vermischen Sie die alte und neue Farbe. Mit Wasser im Pinsel können Sie die Farbe zum Teil sogar wieder vom Papier wegnehmen. Wenn Sie dagegen den Pinsel mit Farbe sehr zügig über die bereits gemalten Bildpartien bewegen, dann sind Sie schneller, als sich das Bindemittel lösen kann, und die Farben liegen übereinander.
Übrigens bleiben die Pigmente als feinste Teilchen erhalten. Sie werden also nicht im Wasser gelöst, sondern nur „aufgeschwemmt". Andernfalls würde die Farbe eher in das Papier eindringen, es also durchfärben, als daß eine Farbschicht auf der Oberfläche stehen bliebe. Das ist ein wichtiger Unterschied.

Deckend oder lasierend

Gehen wir einmal davon aus, daß Sie als Malfläche weißes Papier verwenden. Wenn Sie Ihre Aquarellfarbe darauf auftragen, wird die Wirkung davon abhängen, wieviel Wasser Sie verwenden. Dort nämlich, wo die Farbe sehr wässerig aufgetragen ist, schimmert das Papier durch. Dort, wo die Farbe sehr dick, vielleicht sogar pastos verwendet wurde, deckt sie den Untergrund völlig ab.
Es klingt bereits in dieser Beschreibung an: Das eine hat etwas mit Wasserfarbe, das andere mit Deckfarbe zu tun. Aber nun werden Sie fragen: Wollten wir nicht Aquarellfarben verwenden, und sind Wasserfarben das gleiche wie Aquarellfarben? Ganz so einfach ist das nicht zu erklären, denn es hat nur zum Teil etwas mit dem Material zu tun. Es gibt nämlich Pigmente, die im Grunde völlig undurchsichtig sind und solche, die in ihrer Transparenz farbigem Glas ähneln. Beide werden sowohl in Deckfarben als auch in Aquarellfarben verwendet. Im Prinzip kann man

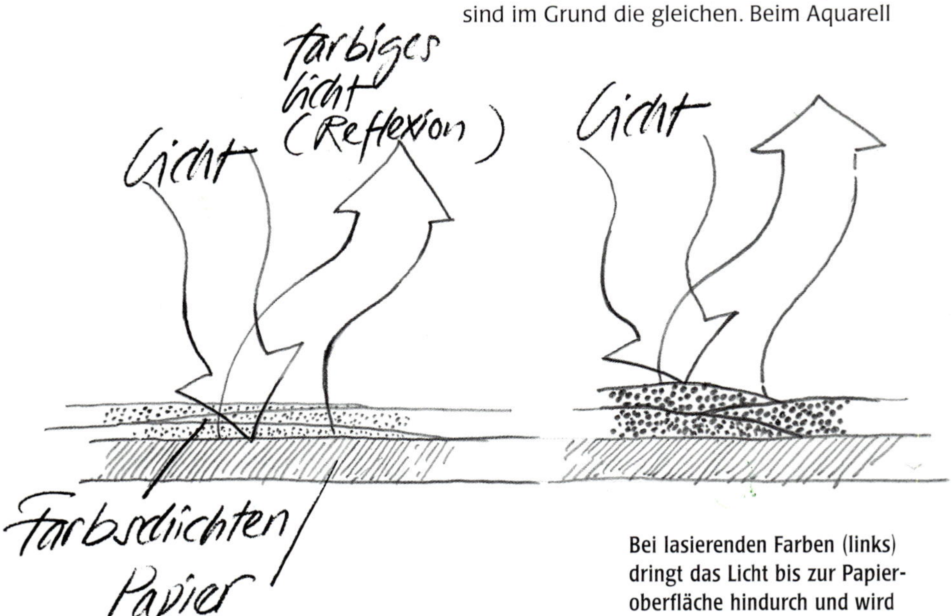

Bei lasierenden Farben (links) dringt das Licht bis zur Papieroberfläche hindurch und wird von dort zurückgeworfen (reflektiert). Bei deckenden Farben (rechts) dringt es kaum in die Farbschicht ein, es wird schon an der Oberfläche reflektiert

tatsächlich mit beiden, den deckenden und den durchscheinenden (oder „lasierenden“) Farbmitteln deckend und lasierend malen. Um das noch einmal hervorzuheben (für die Aquarellmalerei ist das von großer Bedeutung): Vom Lasieren spricht man immer dann, wenn Farben so dünn aufgetragen sind, daß entweder der Malgrund – in diesem Fall das weiße Papier – oder eine darunterliegende Farbschicht durchscheint. Diese Lasurwirkung der Farbe, bedingt durch das Material (also die gekaufte Farbe – dazu gleich mehr) und seine Handhabung, ist das eigentlich Charakteristische des Aquarells.
Diese Eigenschaft verbindet jedoch nicht alle Wasserfarben. Normalerweise werden Farbsysteme nach ihren Bindemitteln benannt: Zum Beispiel Öl-, Acryl- und Wachsfarben, bei denen die Bindung der Pigmente eben durch Öle, Acrylatharze oder Wachs erfolgt. Bei den Wasserfarben dagegen ist für die Bezeichnung die Tatsache maßgeblich, daß die Farben mit Wasser verdünnbar und vermalbar sind. Und das trifft für viele Farbsysteme zu: für Aquarell, Deckfarben, Gouache und bestimmte Arten der Tempera.
Was nutzen aber Bezeichnungen, die im Grunde nicht viel aussagen und nicht das eine sinnvoll von dem anderen abgrenzen? Auf jeden Fall verwirren sie mehr, als daß sie Klarheit schaffen. Wenn also der Begriff „Wasserfarbe“ verwendet wird, sollten Sie sich darüber im klaren sein, daß es sich dabei um einen Sammelbegriff handelt und daß die uns interessierende Aquarellfarbe insofern natürlich eine Wasserfarbe ist. Umgekehrt sind Wasserfarben nicht unbedingt Aquarellfarben. Ein Wasserfarbkasten, den Sie zum Kauf angeboten bekommen, enthält mit ziemlicher Sicherheit keine Aquarellfarben.

Irmgard Kung
Überlagerungen
1989
Die sinnliche Lust an der Farbe und das Spiel mit den Möglichkeiten des Aquarells waren die Ausgangspunkte dieses dynamischen Bildes. Lassen Sie sich davon anregen, scheinbar absichtlos Farbe verfließen und ineinanderlaufen zu lassen. Legen Sie Lasuren darüber und erfahren oder besser: erspüren Sie Dissonanzen und Harmonien, Kälte und Wärme, Ruhe und Bewegtheit, . . .

Das Besondere der Aquarellfarbe

Die wesentliche Eigenschaft der Aquarellfarben ist ihre lasierende Wirkung, die sich aus dem speziellen Material und seiner angemessenen Verwendung ergibt. Und nur auf diesen beiden Faktoren, die ich zusammenfassend und kurz erläuterte, beruht die besondere Wirkung der Aquarelle.

Die Verwendung hochwertiger Farben

Gegenüber den Deckfarben sind die Pigmente der Aquarellfarben meist sehr viel feiner zerrieben. Oft handelt es sich einfach auch um die besseren Farbmittel. Die Bindemittel sind kristallklar. Eine Vielzahl von Zusätzen ermöglicht eine sehr feine Verteilung der Pigmente auf dem Malgrund.

Die richtige Anwendung

Die Wirkung der Aquarellmalerei (lateinisch: aqua = Wasser) ist also ganz wesentlich durch die Verwendung von Wasser geprägt. Das Wasser ist das entscheidende Gestaltungselement, das dem Bild seinen typischen Charakter verleiht und in Verbindung mit der hochwertigen Aquarellfarbe dünnste und durchsichtige Farbschichten ermöglicht.

die Herstellung einer solchen Tabelle ist nicht nur eine gute Übung, sie erleichtert es Ihnen später Farbtöne zu identifizieren

Mit der hier gezeigten Abbildung soll lediglich das Prinzip einer Mischtabelle deutlich gemacht werden. Nur für eine Farbe, für Krapplack dunkel, sind die gemischten Farbtöne in die Tabelle eingetragen. Es sind übrigens elf verschiedene Mischfarben – das zwölfte Kästchen zeigt die Mischung von Krapplack dunkel mit sich selbst, deshalb auch die Kreuze in den entsprechenden Feldern der anderen Farben. Da aber die Mengen der an der Mischung beteiligten Farben einen ganz wichtigen Faktor darstellen, kann man die Anzahl der möglichen Farbmischungen nahezu grenzenlos vervielfachen. Hier in der Tabelle ging ich von gleichen Mengen aus, also zum Beispiel von einer Mischung mit Rot und Grün, das Verhältnis der Farben betrug 50 : 50

Einkaufshilfen

Die folgenden Überlegungen zum Einkauf des Materials helfen Ihnen, sich unnötigen Ärger zu ersparen. Wenn Sie sich – und davon gehe ich aus – ernsthaft mit der Aquarellmalerei auseinandersetzen wollen, sollten Sie die nächsten Abschnitte keinesfalls überspringen.

Qualität

Wählen Sie nur Farben der „Künstler"-Qualität, also keine Studienaquarell- oder einfach nur Wasserfarben –, das zahlt sich, realistisch betrachtet, nicht aus. Bevor Sie keine weiteren Kenntnisse und vor allem Erfahrungen haben, verlassen Sie sich sinnvollerweise auf die Angebote eingeführter Hersteller.

Diese Mischreihe zeigt, daß das eine (in der Tabelle eingerahmte) Mischergebnis zwischen Krapplack dunkel und Phthalogrün nur eines von vielen ist: Je nach Anteil der beteiligten Farben kann man ganz verschiedene Töne daraus herstellen

Eine Frage des Preises

Die oben erwähnten „hochwertigen" Aquarellfarben (und nur mit solchen sind die beabsichtigten charakteristischen Wirkungen zu erreichen!) sind teuer.
Es wird allerdings sehr vieles unter dem Namen Aquarellfarbe, oft sogar mit dem Zusatz „Schul"- oder „Studien"-Aquarellfarbe, angeboten, ohne daß manche dieser Produkte – strenggenommen – diese Bezeichnung verdienen.
Den meisten dieser Farben sind jedoch billige Füllstoffe zugesetzt, wie zum Beispiel Kreide, die die Intensität herabsetzt, die Bilder milchig und kühl erscheinen läßt und die Lasurwirkung vermindert.
Ob sich der relativ hohe finanzielle Aufwand für die Anschaffung von „Künstler"-Aquarellfarben lohnt, soll ein Sketch des Münchener Komikers Karl Valentin klären helfen, in dem er von der ersten Geige erzählt, die ihm sein Vater geschenkt hat. Auf der Geige sei nicht eine Saite gewesen, aber zum Üben – hätte der Vater gesagt – „langt's".
Ich weiß also wirklich nicht, ob denn die schlechten Farben, das schlechte Papier und die schlechten Pinsel wirklich zum Üben langen. Ich fürchte, daß sie dem Anfänger statt dessen eher die Lust nehmen. Im Gegensatz zu anderen Maltechniken kommt die Aquarellmalerei mit relativ wenigen Werkzeugen und wenig Material aus. Dieses aber sollte meines Erachtens – man kann es gar nicht genug betonen – von guter bis bester Qualität sein.

Anzahl der Farben

Die Anschaffung eines Aquarellkastens mit 12 Farben reicht – nicht nur für den Anfänger – vollkommen aus. Sicherlich ist die verfügbare Farbskala um so reicher, je mehr Farben als Ausgangsmaterial vorhanden sind. Auch muß bedacht werden, daß nicht zuviele Farben miteinander gemischt werden sollten. Die Farben „vergrauen" dann nämlich (dazu später mehr).
Trotzdem halte ich einen Malkasten mit 12 Farben für ausreichend. Schließlich ergeben sich ja schon rein rechnerisch 66 weitere Farben, wenn alle Farben einmal paarweise miteinander gemischt werden. (Es handelt sich in der Tabelle zwar um 132 Felder, doch kommen alle Ergebnisse ja zweimal vor – Gelb mit Blau gemischt ergibt das gleiche wie Blau mit Gelb).
Die so ermittelte Zahl der Mischfarben ist allerdings eine simple rechnerische Größe. Praktisch sind die Möglichkeiten ja schon deswegen nahezu unbegrenzt, weil die jeweiligen Mengen, die zum Mischen der neuen Farbe benutzt werden, sehr unterschiedlich gewählt werden können. Das ergibt dann natürlich völlig andere Ergebnisse, wie die achtteilige Reihe zeigt.
Das „nahezu" Unbegrenzt hatte ich oben bereits zugegeben, aber ich denke wirklich, daß Sie durch einen größeren Kasten eher überfordert werden, als daß er Ihnen das Malen erleichtert oder angenehmer macht. Außerdem bekommen Sie kein so rechtes Verhältnis zu Ihren Farben und zum Mischen, wenn Ihre Ausgangspalette allzu breit ist.

Uta Pöhlmann-Hölzel
Gemüse
1988
Die Aquarellmalerei verlangt in weit höherem Maße, als das bei anderen Maltechniken der Fall ist, einen sicheren Umgang mit der Farbe. Besonders reizvoll sind dann auch oft Bilder, die wie das hier gezeigte Aquarell eine sehr sensible und zurückhaltende Farbigkeit haben. In zarten Übergängen spielen die Farben von wenigen blauvioletten Akzenten über eine Fülle von Zwischentönen in ein gebrochenes Gelbocker. Der weiße Papierton spielt dabei eine wichtige Rolle. Ohne „marktschreierisch" die Ware anzubieten, lassen Farbwahl und -auftrag das Gemüse fast sinnlich erlebbar werden

Farbauswahl

Zwei Farben haben mich übrigens an meinem 12er Kasten gestört oder stören mich noch immer. Anfangs erschienen mir die Grüntöne nicht gut besetzt, und mit dem schrillen „Phthalogrün" wußte ich so recht nichts anzufangen. Statt dessen fehlte mir „Indigo" (ein schweres Regenwetterblau, das zu den norddeutschen Klimaverhältnissen sehr gut paßt). Ich machte mir dann seinerzeit die Mühe (und scheute keine Kosten), fast alle Grüntöne meiner bevorzugten Marke auszuprobieren und sie jeweils mit anderen Farben zu mischen. Dabei stellte sich heraus, daß die Zahl der deutlich identifizierbaren Mischfarben beim „Echtgrün oliv" tatsächlich sehr hoch war. Die so entstandene Palette war beispielsweise erheblich umfangreicher als jene, die durch Mischungen mit dem in vielen Aquarellbüchern als so bedeutsam hervorgehobenen „Hookersgrün" entstand. Allerdings hatte ich die kalten, schrillen Grüntöne nicht benutzt, da ich in erster Linie an „natürlichen" Farben interessiert war. Da mein „Echtgrün oliv" derart viele Möglichkeiten eröffnete, entfernte ich das „Phthalogrün" aus dem Kasten und ersetzte es durch „Indigo".
Nach einigen Malreisen in den Süden habe ich dann meine Entscheidung reumütig rückgängig gemacht. Inzwischen ist mir auch klargeworden, daß diese Grüntöne – dazu gehört zum Beispiel auch das „Chromoxidgrün feurig" – als Mischfarben höchst interessant sind. Nun sitzt in meinem Reisemalkasten das „Phthalogrün" wieder am alten Platz, und ich habe jetzt das „Elfenbeinschwarz" durch „Indigo" ersetzt.
Schwarz ist nämlich für die Aquarellmalerei eine eher überflüssige Farbe. Außerdem läßt sich etwas Ähnliches aus Indigo und Sepiabraun mischen. Die dunklen Farbtöne, die dabei entstehen, sind entsprechend den „farbigen" Grautönen, die sich aus der Mischung von Komplementärfarben ergeben, viel reizvoller als das Schwarz aus dem Näpfchen.
Noch ein Tip: Lassen Sie sich im Geschäft keine exotischen Farben aufschwatzen, die ihre Bedeutung eher ihren schönen Namen oder völlig antiquierten Geschmacksabsichten verdanken. Ein Beispiel dazu ist das „Paynesgrau", dessen Bedeutung mir völlig schleierhaft ist. Die Farben vergrauen – leider – meist ganz von allein, wenn man zuviele miteinander mischt, schmutziges Wasser verwendet, die Pinsel nicht gut ausspült und so weiter.
Um das noch einmal zu wiederholen: Die „unbunten" Farben (Weiß, Grau, Schwarz) gehören eigentlich gar nicht in einen Aquarellkasten. Entweder wollen Sie wirklich aquarellieren lernen, dann benutzen Sie kein Deckweiß und greifen nicht schon ganz früh in die Trick- oder Hilfsmittelkiste. Oder Sie benutzen von vornherein Mischtechniken (weil Sie sich davon meist schneller vorzeigbare Ergebnisse erhoffen), ohne je zu erfahren, was den Reiz der Aquarellmalerei ausmacht. Und dazu gehört auch die Erfahrung Ihrer Möglichkeiten und Grenzen.
So wird beispielsweise das Weiß nicht mit deckender Farbe aufgesetzt, vielmehr wird das des Papiers dort, wo im Bild Weiß gebraucht wird, ausgespart. Das jedenfalls ist eine Grundregel. Es gibt zwar keine Vorschriften, wie ein Aquarell hergestellt werden muß – und die Fülle der Mischtechniken ist gewaltig (einige Hinweise darauf finden Sie am Ende des Buches) –, aber dennoch empfehle ich Ihnen, sich erst einmal auf die „reine" Aquarellmalerei einzulassen. Sie hat in ihrer Leichtigkeit und Klarheit einen ganz besonderen Reiz, den Sie nie erfahren werden, wenn Sie von Anfang an gleich „herumtricksen". Durch das Hinzufügen von Weiß verlieren die Farben ihre Sättigung, ihre Intensität. Sie werden milchig kühl wie Gouachefarben.

Einzelfarben oder Sortiment

Kaufen Sie Kästen und Näpfe nicht getrennt (auch wenn das in vielen Aquarellbüchern empfohlen wird). Ihre persönliche Auswahl wird sicherlich nicht gerade geschickter sein als die vorgegebene in den 12er, 18er oder 24er Kästen. Außerdem ist es teurer, sich einen Leerkasten anzuschaffen und die Farben lose zu kaufen. Einen Sinn ergäbe das nur aus methodischen Gründen, wenn Sie sich zum Beispiel für einen Kurs lediglich die Grundfarben kaufen (also etwa: Echtgelb hell, Krapplack dunkel und Preußischblau von Schmincke; oder Helio-Echtgelb hell, Krapplack Aliz. dunkel und Preußischblau von Lukas; oder Zitronengelb, Alizarinkarmesin und Preußischblau von Winsor & Newton). Sie können damit sehr kontrolliert und im Grunde recht lange arbeiten. Wenn Ihre Begeisterung dann immer noch anhält, kaufen Sie sich weitere Farben dazu. (Anfangs benötigen Sie natürlich auch keinen Leerkasten. Kleben Sie die Farben einfach in eine Blech- oder Plastikschachtel.)

Jelena Reinert
Blumenvase
1988
Das Aquarell lebt zum einen sicherlich vom lockeren, schwungvollen Farbauftrag. Dabei bilden große Farbflecken um die Vase herum und die zarten Farbspritzer rechts eine reizvolle Spannung.
Zum anderen aber lebt es durch die Aussparung der weißen Fläche für die Vase, die in einem eigenwilligen Verhältnis zum Hintergrund steht.
Auch dieses Bild hat eine eingeschränkte Farbigkeit.
Auch hier sind es im wesentlichen Grüntöne, die in den Blüten ins Gelbocker und ins Violett spielen. Damit entsteht dort (und in den Farbspritzern) eine starke Akzentuierung

Ganze oder halbe Näpfe

Sparen Sie nicht an der falschen Stelle: Halbe Näpfe sind kaum billiger (beim 12er Kasten nicht einmal um 20%) und prozentual damit natürlich viel teurer. Außerdem läßt sich die Farbe nur sehr umständlich aus den kleinen Näpfen herausholen, was nicht nur mühsam ist, sondern worunter vor allem die Pinsel ganz erheblich leiden.

Näpfe oder Tuben

Im Atelier arbeite ich zum einen mit dem 24er Kasten, aus dem ich (unausgewickelt) das „Deckweiß" herausgeworfen und im Geschäft gegen „Indigo" umgetauscht habe. („Indigo" gehört merkwürdigerweise noch nicht einmal mit zur Auswahl dieses größeren Kastens.) Zum anderen und im wesentlichen benutze ich im Atelier aber Tubenfarben. Kaufen Sie sich als Anfänger jedoch besser keine Tubenfarben. Sie sind zwar weder schlechter noch teurer, nur verleitet die pastose Farbe zum deckenden Auftrag, was nicht der Sinn der Aquarellmalerei ist. Aber selbst wenn Sie das gar nicht vorhaben, wird es Ihnen schwerfallen, ungleiche, fleckige und streifige Farbaufträge zu vermeiden. Darüber hinaus ist es recht schwierig, genau nach Bedarf zu dosieren. Allerdings sind die übriggebliebenen, angetrockneten Farbreste später noch verwendbar; sie lassen sich, wenigstens bei guten Künstlerfarben, ebenso gut lösen wie die Farbe in den Näpfen.
Wenn Sie jedoch große Bildformate wählen, stellen sich Tuben (es gibt sie mit 5 ml und mit 15 ml Inhalt) als praktischer und auch preiswerter heraus – jedenfalls die größeren. Nicht so sinnvoll sind die Tuben jedoch beim Malen „vor Ort", also „in der Natur", denn die Suche nach den Verschlüssen im Gras ist nur in Einzelfällen wirklich lustig. Nebenbei bemerkt: Verschlüsse gehören immer auf die richtige Tube zurück, sonst verschmutzen die Farben sehr schnell.

Nach dem Einkauf

Wenn Sie sich einen Malkasten anschaffen, finden Sie die in Papier verpackten Näpfchen an der „richtigen" Stelle. Bevor Sie die ausgewickelten Näpfe wieder an ihren Platz zurücklegen, müssen Sie die Metallhalterungen nach innen biegen, damit die Näpfe nicht hin und her und vor allem nicht zusammenrutschen. * Pro Reihe würde nämlich durchaus ein Napf mehr in die Kästen passen. Wenn die Farben aber zu dicht nebeneinanderliegen, mischen sie sich bei der Entnahme ungewollt und nahezu zwangsläufig. Es gelangt fast immer ein bißchen von der nebenliegenden Farbe mit in den Pinsel.
Dem fabrikneuen Kasten ist eine auf Aquarellpapier gedruckte, leere Farbkarte beigegeben. Darauf sind zum einen die Farben – genau wie sie im Kasten angeordnet sind – aufgeführt. Zum anderen bieten die entsprechenden Leerfelder die Möglichkeit, die Farben aufzutragen und ihre Wirkung auf Papier zu sehen. Auf Aquarellpapier wirken sie nämlich völlig anders als im Näpfchen. Bitte verwechseln Sie also diese Farbkarte nicht mit einer Firmenreklame! Diese Beigabe wird Ihnen auch zukünftig gute Dienste leisten.
Ihre erste praktische Aufgabe nach dem Kauf eines Kastens ist es nun, die Felder mit Aquarellfarbe zu füllen, und zwar so, daß Sie die Farben verlaufend anlegen. Zum Verlaufenlassen später mehr, denn damit greifen wir einem ganz bedeutenden Aquarellverfahren vor, nämlich der „Verlauftechnik". Als Erklärung an dieser Stelle folgendes: Setzen Sie einen kräftigen, aber nicht deckenden Fleck Farbe in den linken Bereich des Feldes, und lassen Sie die Farbe dünner werdend, also verlaufend, nach rechts fließen: Dazu spülen Sie zunächst den Pinsel kräftig aus und setzen mit leichter Zugbewegung einen nur feuchten Fleck daneben. Gegebenenfalls müssen Sie noch einmal mit dem Pinsel über die Mischzone streichen. Entscheidend ist der richtige Feuchtigkeitsgrad der Pinselhaare. Dieses läßt sich auf zwei Arten erreichen. Entweder schlagen Sie den Pinsel aus (wenn Ihnen Ihr Teppichboden nicht so wichtig erscheint), oder Sie streichen den Pinsel über ein ausgedrücktes Haushaltsschwammtuch. Am besten üben Sie das einige Male, bevor Sie die Farbkarte Ihres Kastens ausfüllen.
Haben Sie einen Malkasten „geerbt", der keine derartige Karte enthält, oder haben Sie sich Ihre eigene Farbskala zusammengestellt, sollten Sie sich auch auf einem etwa kastengroßen Stück Aquarellpapier „Ihre" Farben aufmalen und aufschreiben. Aus der bloßen Ansicht der kompakten Farben in den Näpfen läßt sich nämlich nur sehr schwer darauf schließen, wie sie später auf dem Papier wirklich aussehen.

* Sogar die Hersteller von Aquarellkästen vergessen darauf hinzuweisen!

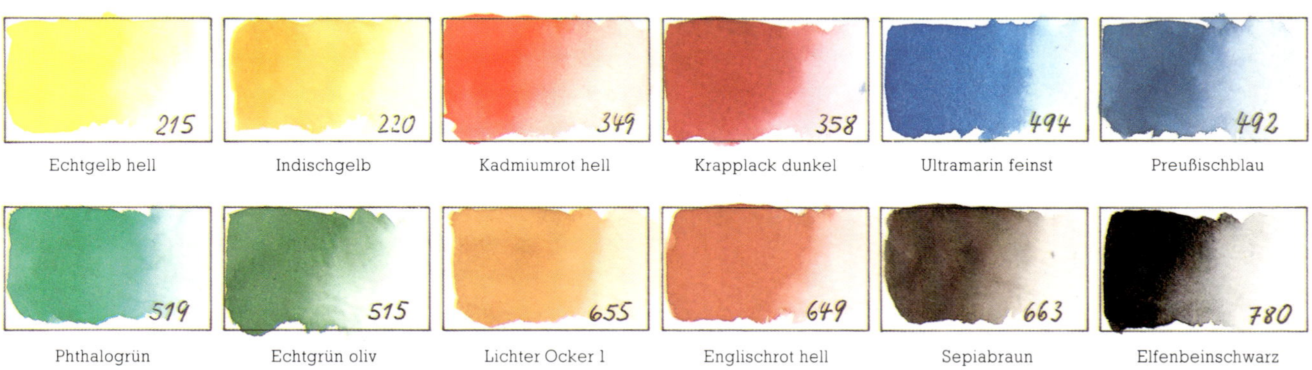

Die ausgefüllte Farbkarte eines 12er Kastens. Jede Farbe sollten Sie darauf „eintragen", mit einem Verlauf. In den Näpfchen selbst sehen die Töne ganz anders aus als auf dem Papier, daher diese wichtige Vorarbeit

Farben sehen – analysieren – mischen

Können Sie herausfinden, welche Grundfarben an den drei Mischungen beteiligt sind? Die Auflösung finden Sie hinten im Buch (Seite 136)

Wenn Sie schon einmal probiert haben, die Farben eines Blumenstraußes oder einer Landschaft nachzumischen, wissen Sie, wie schwer das ist. Schließlich werden beispielsweise die Grüntöne der Blätter in der Natur völlig anders gebildet als die unserer Aquarellfarben. Sie können die Farben also denen der Motive immer nur annähern. Aber darum sollten Sie sich dann auch ernsthaft bemühen. Es reicht nicht aus, fast wahllos irgendwelche Farben auf das Blatt zu bringen. Mindestens in dem Maße, in dem die Form einen Gegenstand charakterisiert, geschieht das auch durch seine Farbe. Sie müssen also lernen, genau hinzusehen, die Farben zu analysieren und sie entsprechend auszumischen.

Ein Apfel kann auch „ohne Form" gemalt werden, wenn man sich auf die Analyse der Farben beschränkt (unten)

Eine Farbtreffübung

Am leichtesten läßt sich das üben, wenn Sie nicht gleich die Farben der Natur nachmischen, sondern zuerst einmal vorgegebene Mischungen aus Aquarellfarben. In meinen Kursen werden dementsprechend Farbmischungen hergestellt, untereinander ausgetauscht und nachgemischt. Als „Spielregel" gilt, daß es nur Farben der oberen Kastenreihe sein dürfen, also ein Gelb mit einem Rot oder einem Blau, ein Rot mit einem Gelb . . . Oben links sind solche Mischungen abgebildet. Versuchen Sie einmal, die beteiligten Farben herauszufinden und dann diese drei Töne nachzumischen. Einschränkend muß allerdings gesagt werden, daß dieses Buch mit Offsetfarben gedruckt wurde. Versuchen Sie es trotzdem! (Auflösung: Seite 136)

Praktische „Farbanalyse"

Sehr oft sehe ich Bilder, die den Anspruch erheben, naturgetreu, „realistisch" zu sein. Die dargestellten Dinge sind dann meist auch zu erkennen. Wobei die Erkennbarkeit in der Regel viel mit der Form, aber ganz wenig mit der Farbe zu tun hat. Die gewählten Töne, die doch so viel charakterisieren und aussagen können, sind oft nicht die der Gegenstände. Das Gelb einer Banane ist nicht bananengelb, das Rot einer Tomate nicht tomatenrot – beide sind einfach dem Näpfchen entnommen: irgendein Gelb, ein beliebiges Rot.
Damit die Bedeutung der Farbe besser eingeschätzt wird, lasse ich meine Kursteilnehmer manchmal Obst und Gemüse auf eine ganz andere Art malen: als qualitative und quantitative Farbanalyse (linkes Feld). „Qualitativ" heißt: Welche Farben hat der Gegenstand? Und „quantitativ": In welcher Menge tauchen die Farben auf? Jeder Teilnehmer erarbeitet das an einem anderen Gegenstand.
Bei der Bildbesprechung sollen dann die anderen Kursteilnehmer Gegenstände und Bilder richtig zuordnen, also herausfinden, welches Obst oder welches Gemüse auf welchem Bild dargestellt wird. Da die übliche verläßliche Hilfe der Form hier nun nicht verfügbar

ist, werden die Farben in viel höherem Maße als sonst ernst genommen. Sie werden sehr genau betrachtet und analysiert und dadurch auch so treffend gemischt, daß eine Zuordnung immer recht leicht fiel. Tatsächlich ist nie ein Irrtum vorgekommen.

Farbstimmung eines Bildes

Die Farbigkeit eines Bildes wird immer von zwei wesentlichen Faktoren bestimmt: von den Farben der abzubildenden Realität einerseits und andererseits von der Farbatmosphäre, der -stimmung, der -komposition im Bild selbst. Beides ist im Zusammenhang zu sehen. Eine relativ einfache Lösung, um das eine zu tun und das andere nicht zu lassen, ist das Spiel mit der Farbe im Hintergrund und in den Zwischenräumen – deren Eigenschaften meist nicht wichtig sind.

Uta Pöhlmann-Hölzel
Gemüse
1988 (oben und unten)
Oben wird ein ausdrucksvolles Spannungsverhältnis zwischen den Zierkürbissen, der Zitrone und dem Hintergrund durch einen komplementären Farbkontrast geschaffen. Die Früchte haben durch die Farbentscheidung im Hintergrund ihren Charakter nicht verändern müssen. Das Typische und sinnlich Nachvollziehbare ist voll erhalten geblieben.
Eine ähnliche Lösung wurde für das untere Bild gefunden. Es besteht ein starker, komplementärer Farbkontrast bereits zwischen den Rot- und Grüntönen des Gemüses. Das unaufdringliche Blau im Hintergrund bildet dementsprechend zusammen mit den Orangetönen ein untergeordnetes komplementäres Paar.
Ein wesentlicher Reiz dieses Bildes ist, anders als beim oberen, in der subtilen und treffenden Farbwahl zu sehen. Die verschiedenen Gemüsearten sind farblich so genau getroffen, daß sie fast greifbar sind

Pinsel

Die Qualität und Beschaffenheit der Pinsel ist für die Aquarellmalerei von größter Bedeutung. Zwar wird Ihre Pinselwahl auch ganz erheblich von Ihrer Arbeitsweise abhängen, auch bestimmen Ihre Gestaltungsabsichten Ihr Werkzeug – dennoch ist es keineswegs beliebig, mit welchem Pinsel gearbeitet wird. Die Frage danach, welche Anforderungen an einen guten Aquarellpinsel zu stellen sind, ist im Prinzip recht leicht zu beantworten: Der Pinsel muß in nassem Zustand eine perfekte, feine Spitze haben (das wird als „Schluß“ bezeichnet). Das Haar muß so elastisch sein, daß es sich auch dann wieder aufrichtet, wenn Sie mit dem „Bauch“ des Pinsels gemalt haben. Und: Der Pinsel muß viel verflüssigte Farbe oder Wasser aufnehmen können. Grundsätzlich ähneln sich alle Pinsel. Sie bestehen, von später beschriebenen und auch für die Aquarellmalerei interessanten Ausnahmen abgesehen, aus einem lackierten Holzstiel sowie den Haaren oder Borsten, die von einer verchromten Metallzwinge gehalten werden. Sie unterscheiden sich jedoch ganz wesentlich in der Art ihrer Haare oder Borsten voneinander sowie in ihrer Form.

Naturhaar

Daß ein Pinsel aus Naturhaar besteht, sagt allein noch nichts über seine Eignung für die Aquarellmalerei. Man muß sehr genau zwischen den Sorten unterscheiden.

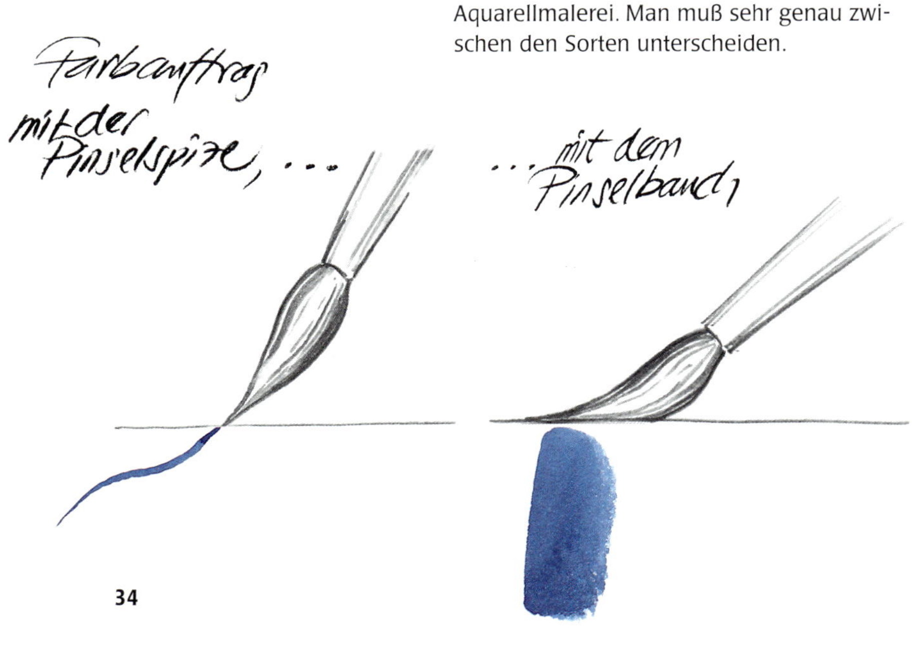

Rotmarderhaar

Das wertvollste und damit natürlich auch teuerste Pinselhaar stammt vom sibirischen Rotmarder, und zwar von den Schweifen männlicher Tiere. Die Garantie dafür, auch wirklich einen Pinsel mit derart edlen Haaren zu besitzen, gibt nur die Bezeichnung „Colinsky“-, „Kolinsky“- oder „Tobolsky“-Rotmarder. („Kolinsky“ ist das russische Wort für eine Marderart.) Und selbst da soll es auf dem internationalen Markt Hersteller geben, die damit Etikettenschwindel betreiben. „Rotmarder“- und „echt Rotmarder“-Pinsel haben oft Haare anderer Marderarten, zum Beispiel vom Wiesel, oder auch gefärbte Rinderohrenhaare beigemischt.
Warum sollten Sie, wenn Sie es sich leisten können, nun einen solchen Pinsel kaufen; oder anders gefragt, was zeichnet den Colinsky-Rotmarderpinsel aus? Er erfüllt genau die obengenannten Bedingungen: Die Spitze, auch bei dickerem Pinsel, ist so fein, daß Sie auf dünne Pinsel getrost verzichten können. Die Fähigkeit der Farbaufnahme und die Elastizität sind sehr groß.

Anderes Haar

Außerdem gibt es Iltishaar, das keine so hervorragende Elastizität besitzt und vor allem nur in kürzeren Längen anfällt. Eine weitere Sorte nennt sich Fehhaar. (Diese merkwürdige Bezeichnung wurde von der Pelzindustrie übernommen und bezeichnet die Haare bestimmter Eichhörnchenarten.) Dieses Haar ist zwar fein und geschmeidig, allerdings wenig elastisch; deswegen ist es weniger als Standardpinsel geeignet, sondern eher als Verwaschpinsel. Rotmarder-Imitationen können unterschiedliche Haare einer Sorte oder auch Mischungen sein. Meist handelt es sich um gefärbte Rinderhaare, die im besten Falle aus der Innenseite der Ohrmuschel – und dann noch von Alpenrindern – stammen. Sie sind durchaus recht elastisch, was bei billigen Rinderhaarpinseln, zum Beispiel bei Schulmalpinseln, nun wirklich nicht der Fall ist. Dann gibt es noch Ziegenhaar, das meist für „chinesische“ oder für „Japan“-Pinsel verwendet wird. Es ist weniger elastisch und formbeständig und meist zu lang für Anfänger.

Barbara Johns
Hortensien im Garten
1989
Der Farbauftrag wirkt dann am überzeugendsten, wenn er die Möglichkeiten des Pinsels aufgreift und zum gestalterischen Prinzip macht. Ein handschriftlich leicht diagonal schwingender Fleck ist eine natürliche Spur des locker geführten Pinsels. Die Änderung der Richtung sollte dabei nicht so weit gehen, daß derartig anders gestaltete Bildteile optisch herausfallen. Trotz des reizvollen Gesamteindrucks, der übrigens durch die gelungene Farbwahl unterstrichen wird, geschieht in diesem Bild genau das: Der Tontopf wirkt gestalterisch als Fremdkörper

Borsten

Neben den Haarpinseln gibt es noch verschieden geformte Borstenpinsel. Borsten sind steifer und dicker als Haare; sie nehmen auch Farbe sehr gut auf. (Das kommt daher, weil sich die Enden der Borsten – im Gegensatz zu denen der Haare, die in nur einer feinen Spitze auslaufen – mehrfach teilen.) Sie sind für die Aquarellmalerei allerdings weniger geeignet.

Synthetikfaser

Als preiswerte Alternative zu den Haarpinseln bieten die Hersteller Synthetikfaserpinsel an, die sich für die Aquarellmalerei meines Erachtens nur eingeschränkt eignen. Zwar sind sie hervorragend elastisch und bilden eine ausgezeichnete Spitze. Sie nehmen aber viel zuwenig Farbe auf und geben sie manchmal als Klecks viel zu schnell an das Papier ab. Es gelingt kaum, größere Flächen damit gleichmäßig anzulegen. Für kleinere Bildformate oder wenn Sie sich einen dickeren Pinsel kaufen wollen, der aber immer noch recht preisgünstig sein soll, reicht ein Synthetikpinsel erst einmal aus. Besser als die meisten Schulmalpinsel sind sie allemal. Darüber hinaus sind sie sehr widerstandsfähig gegenüber mechanischer Beanspruchung, so zum Beispiel bei rauhen Untergründen. Allerdings ist ihre Lebensdauer dadurch begrenzt, daß bei einigen Sorten die Spitzen nach kurzer Zeit krumm werden und runzeln.

Mischhaar

Eine jüngere Entwicklung auf diesem Sektor hat Pinsel hervorgebracht, die den Nachteil der Synthetikfaser ausgleichen sollen. Bei diesen Produkten wird Naturhaar mit Kunsthaar gemischt. Dadurch entstehen Pinsel mittlerer Preislage, die bei guter Elastizität eine ausreichende Spitze und ein gutes Farbaufnahmevermögen aufweisen (zum Beispiel der Cosmotop-Mix von da Vinci).

auch die "Mixed"-Pinsel haben schon wieder ihre -deutlich besseren- Nachfolger (der "Cosmotop-Mix" von da Vinci)

Die abgebildeten Pinsel von oben nach unten (verkleinert): Synthetikfaserpinsel „Sablon“ Nr. 12 (Habico), Mixed-Pinsel Nr. 16 (da Vinci nova mixed), Rotmarderpinsel Nr. 12 (Habico), französischer Aquarellpinsel Nr. 6 (da Vinci), Flachpinsel Nr. 24 (Habico) und Nr. 16 (da Vinci), Tobolsky-Kolinsky-Rotmarderpinsel Nr. 14 (da Vinci-maestro), französischer Aquarellpinsel Nr. 10 (Habico)

Form

Der klassische Aquarellpinsel ist der Rundpinsel. Er bietet die meisten Möglichkeiten und kommt der Technik am weitesten entgegen. Allerdings gibt es auch unter ihnen solche, von denen Sie erst einmal absehen sollten, wie zum Beispiel vom „Tamponierpinsel“, vom „Stupper“ und so weiter. Ihr Standwerkzeug sollte der normale Rundpinsel sein. Lediglich eine Sonderform möchte ich erwähnen, die durchaus eine interessante Ergänzung darstellt: Es ist der, in Deutschland allerdings nicht sehr gebräuchliche, „französische“ Aquarellpinsel. Bei diesem zum großflächigen Arbeiten und zum Verwaschen sehr geeigneten Pinsel sind entweder helle Rindsohrhaare oder feine russische Fehhaare in Gänsekielen – statt in Metallzwingen – gefaßt.
Daneben gibt es eine Vielzahl von Flachpinseln (zum Beispiel Schriftpinsel, Plakatschreiber, Fächerpinsel, Firnispinsel). Zum Anlegen großer Flächen und zum Verwaschen und – wenn es der eigene Stil erfordert – natürlich auch als Standardpinsel) sind einige davon durchaus geeignet und stellen preisgünstige Alternativen dar.
Als ausgesprochenen „Verwaschpinsel“ oder „englischen Verwaschpinsel“ bieten manche Hersteller auch ovale Haarpinsel an. In der Regel sind diese aber recht teuer. Ihre Verwendungsmöglichkeiten sind eingeschränkter als bei einem „normalen“ Pinsel.

Größenangaben

Leider gibt es für die Pinselhersteller noch immer keine standardisierten Größenangaben (nicht einmal die Artenbezeichnungen sind vereinheitlicht). Die Dicke eines Pinsels ist also nicht unbedingt immer von der Pinselnumeration (der aufgedruckten Zahl) abzuleiten. Lediglich innerhalb einer Art läßt sich davon ausgehen, daß die Pinsel um so dicker sind, je höher die aufgedruckte Zahl ist. Meist gibt es 12 oder 24 verschiedene Stärken.
Die Unverbindlichkeit der Angaben macht Preisvergleiche schwer. Schließlich ist das Haar als solches – wenigstens bei den hochwertigen Rotmarderpinseln – bereits dermaßen teuer, daß auch kleine Unterschiede in der Länge und Dicke des Haarkörpers ganz erhebliche Auswirkungen auf den Preis haben. Sie müssen bedenken, daß 1 kg Colinsky-Rotmarderhaar inzwischen über 20 000 DM kostet.

Kaufhinweise

Da Anfänger ohne entsprechende Ratschläge im allgemeinen viel zu dünne, dafür aber meist zu viele Pinsel kaufen, möchte ich Ihnen hier einige Empfehlungen zur Anschaffung geben. Grundsätzlich läßt sich sagen, daß Sie sich besser wenige wirklich gute Pinsel kaufen sollten als viele, die im Grunde gar nicht für die Aquarellmalerei geeignet sind. Die folgenden Vorschläge staffeln sich nach Preisgruppen und sind als Alternativen gedacht (die Sie je nach Ihren finanziellen Möglichkeiten wählen können). Links sind die meisten der genannten Pinsel abgebildet.

- Erste Möglichkeit:
ein Synthetikfaserpinsel Nr. 12; dazu ein Mixed-Pinsel Nr. 16.
- Zweite Möglichkeit:
ein Rotmarderpinsel Nr. 10 oder 12 (je nach Ihren finanziellen Möglichkeiten: mit „Rotmarder“-, „reinen Rotmarder“-, „Colinsky-Rotmarder“- oder „ausgesuchten reinen sibirischen Kolinsky-Rotmarder“-Haaren); dazu ein Mixed-Pinsel Nr. 16 oder ein „französischer“ Aquarellpinsel Nr. 5 oder 6 (sie entsprechen in der Dicke etwa einem 20er beziehungsweise 24er Standardpinsel).
Falls Sie der Meinung sind, daß Sie damit nicht auskommen, schaffen Sie sich zusätzlich einen preiswerten Flachpinsel an (zum Beispiel „Ölmalpinsel, flach, Rotmarder-Imitation“).
- Dritte Möglichkeit: (wenn Sie viel Geld investieren wollen und auch großformatig arbeiten möchten):
ein Rotmarderpinsel Nr. 14 (es gibt sie auch in bester Qualität bis Stärke 24); dazu ein Mixed-Pinsel Nr. 20 oder 24 beziehungsweise ein „französischer“ Aquarellpinsel Nr. 8 oder größer.

Sie werden bemerkt haben, daß ich in dieser Auflistung keine dünnen Pinsel empfehle, wozu auch. Bei guter Qualität ist die Spitze dickerer Pinsel fein genug für alle Details. Außerdem verführen feinere Pinsel ohnehin nur zur „Pingeligkeit“, die dem Aquarell überhaupt nicht guttut.

Ulla Pagenstecher
Landschaft
1990
Die legitimen Möglichkeiten des Farbauftrags umfassen zweifellos auch Verfahren, bei denen Flachpinsel verwendet werden. Hier ein Beispiel für die Wirkung des klar gesetzten Flecks. Der Flachpinsel hinterläßt, wenn man ihn mit seinen charakteristischen Eigenschaften ins gestalterische Spiel bringen will, seiner Größe entsprechende rechteckige Flächen, mit denen der Bildraum konsequent strukturiert werden kann. Dabei bieten sich rhythmische Gliederungen an; sie wirken der Gefahr entgegen, allzu kleinteilig und „bildchenhaft" die Realität nachzumachen

Pflege der Pinsel

Zwar sind gute Pinselhaare auch recht langlebig, aber eben nur bei entsprechender Behandlung.

Nach dem Kauf

Bei neuen Pinseln sind die Haare durch Leim in Form gebracht (durch das gleiche „Gummi arabicum", das auch bei der Herstellung von Aquarellfarben verwendet wird) und – jedenfalls bedingt – für den Transport geschützt. Lösen Sie diese Leimung vorsichtig auf. Stauchen Sie dabei – und auch sonst! – keinesfalls den Pinsel.

Nicht ins Wasser stellen

Lassen Sie die Pinsel nie im Wasser stehen. Nicht nur, daß sich die Haare verbiegen: Vielmehr wackeln auch bald die Stiele in der Zwinge.

Reinigung

Waschen Sie die Pinsel nach der Benutzung gründlich mit Wasser aus. Gegebenenfalls nehmen Sie dazu hin und wieder Kernseife. Sie fügt den Pinselhaaren etwas Fett zu und erhält sie dadurch geschmeidig. Bringen Sie die Haare dann in Form und lassen Sie sie trocknen. (Keinesfalls aber auf der Heizung! Auch dadurch können die Stiele wackelig werden.)

Transport

Zum Transport werden die Pinsel sinnvollerweise in einer Bambusmatte eingerollt. (Es gibt sie im Fachhandel oder als Tischset im Kaufhaus zu einem Zehntel des Preises.) Werfen Sie alle Transportröhrchen und -häubchen weg. Sie klemmen damit nur irgendwann ein paar Haare ein. Auch die Neuentwicklungen, die von hinten auf den Pinsel aufgesteckt werden, verhindern zwar das Einklemmen der Haare; die Gefahr aber, daß das Röhrchen herunterrutscht und die wertvollen Pinselhaare ungeschützt sind, wird auch damit nicht gebannt. Keinesfalls sollten Sie die Pinsel in derartigen Röhrchen aufbewahren. Sie können darin sogar schimmeln. Daß die Pinsel auch nicht in die Aquarellkästen gehören (trotz des leeren Mittelfachs oder der sogar vorhandenen Halterung), versteht sich eigentlich von selbst.

Papier

Um die charakteristischen Eigenschaften der Aquarellfarben und ihre besonderen Wirkungen auch tatsächlich sichtbar zu machen, sind hochwertige Papiere erforderlich. Nicht nur, daß sie reinweiß sein sollten – das ist einfach nur der sichtbarste Aspekt –, sie müssen auch eine besondere Oberflächenbeschaffenheit aufweisen; sogar ihre Zusammensetzung beeinflußt das entstehende Bild.
Zweifellos ließe sich viel – und durchaus Interessantes – über Aquarellpapiere schreiben. Da Sie aber beim Kauf selbst recht wenig davon beurteilen können, sind längere Ausführungen kaum hilfreich. Ich werde mich daher auch in diesem Kapitel auf solche Informationen beschränken, die Ihnen mittelbar oder unmittelbar Entscheidungshilfen für die Materialwahl sein könnten. Was nützt es, wenn Sie wissen, daß das erwähnte Weiß zum Beispiel durch einen Zusatz von optischen Aufhellern hergestellt sein könnte. (Das sind fluoreszierende Stoffe, die das Papier leuchtendweiß erscheinen lassen.) Sicherlich: Diese Aufheller können die Wirkung einiger Farben verändern; aber wie erfährt der Käufer das, wie kann man prüfen, ob solche Stoffe enthalten sind? Ob im Fachhandel die entsprechenden Auskünfte eingeholt werden können, ist eher fraglich. Also gilt es auch bei der Wahl des Papiers, sich weitgehend auf die Qualität des Angebots namhafter Firmen zu verlassen.

Wolf Wrisch
Hvar
1984
Da die Wirkung des Farbauftrags in hohem Maße von der Beschaffenheit des Papiers abhängt, verlangt jede Sorte ein dementsprechendes Vorgehen. Auf einem extrem glatten und stark geleimten Papier zum Beispiel, sind weiche Farbübergänge, Verläufe und großflächiges Arbeiten kaum möglich. Dagegen wirken fleckhafte Gestaltungen, wie in der Abbildung rechts, auf diesem Material sehr reizvoll. Sie bieten sich deshalb an, weil eine starke Trockenkantenbildung die Einzelformen deutlich voneinander abgrenzt. Auch läßt solch ein Papier eine größere Anzahl von Lasurschichten zu, die, klar in Form und Farbigkeit, die Bildwirkung beeinflussen

Die Farbe „steht" ganz anders auf einem trockenen Aquarellpapier (oben links) als beispielsweise auf trockenem Japan-Papier (daneben): sie sackt ein, verliert ihre Leuchtkraft.
Auch die Ergebnisse des Farbauftrags auf nassem Papier (unten) sind völlig unterschiedlich: links wieder das Aquarell-, rechts das Japan-Papier

Merkmale und Kaufhinweise

Allerdings soll der letzte Hinweis nicht bedeuten, daß es keine Kriterien für die Beurteilung der Papierqualität gäbe. Das Problem ist nur, daß Sie diese immer erst nach der Kaufentscheidung feststellen.
Bei der Anschaffung von Aquarellpinseln beispielsweise wissen Sie mittlerweile, daß ein Kolinsky-Rotmarderpinsel auf jeden Fall gut sein muß – oder es liegt ein Produktionsfehler vor. Dann können Sie ihn bestimmt wieder umtauschen. Beim Aquarellpapier dagegen sagt auch der Zusatz „reines Hadernpapier" nichts darüber aus, ob das Papier wirklich hochwertig ist oder ob es überhaupt Ihrer Malweise entspricht.
Prinzipiell können Sie natürlich auf allen möglichen Papieren malen, mit zuweilen auch ganz spannenden Wirkungen. Auf glattem Zeichenkarton zum Beispiel stehen die Farben völlig anders als auf dem dünnen Ingres-Papier mit seiner eigenartigen Parallelstruktur oder als auf einem stark saugenden und faserhaltigen Reis- oder Japanpapier. (Die passenden Abbildungen dazu sehen Sie bereits auf Seite 38). Aber ich denke, daß Sie sich solche Experimente besser für die „Kür" aufheben und sich zunächst gründlich mit der „Pflicht" auseinandersetzen sollten.

Gerade zum Üben langt's aber nicht! (siehe auch Seite 27)

Daher rate ich Ihnen: Für das Erlernen der Aquarellmalerei sollten Sie wirklich spezielles Aquarellpapier verwenden. Nur auf solchem Papier steht die Farbe richtig und entfaltet ihre volle Leuchtkraft. Schließlich wollen Sie doch wissen, ob der Fleck, der Verlauf oder die Lasur deswegen nicht sitzt, weil Sie es nicht hingekriegt haben oder weil das – schlechte – Papier daran schuld war. Wie wollen Sie sonst gezielt weiterkommen?

Die Preisfrage

Andererseits sollten Sie auch nicht auf die Bedeutung allzu hoher Preise vertrauen. Wie auch bei den Aquarellfarben sind ausländische Erzeugnisse zum Teil völlig überteuert. Preis und Qualität stehen dann oft in keinem sinnvollen Verhältnis mehr zueinander. Außerdem weiß ich aus langer Erfahrung, daß teure Papiere die Angst vor dem weißen Blatt nicht nehmen, sondern daß sie die Hemmschwelle davor, mutig loszuarbeiten, noch deutlich erhöhen.

Papiergewicht

Was soll ein gutes Aquarellpapier eigentlich leisten – im Gegensatz zu einem billigen Produkt? Im Idealfall sollte es auch bei sehr nassem und ungleichmäßigem Farbauftrag nicht allzu wellig werden. Die Farbe würde andernfalls in den Vertiefungen stehen und dort viel dichter auftrocknen, die Papierbeulen dagegen würden später farbloser und damit heller erscheinen. Auch nach dem Trocknungsvorgang sollte das Material glatt und flach bleiben. Nur von sehr dicken und teuren Papieren (bei etwa 55 x 75 cm Größe kosten sie über 10 DM pro Bogen) sind solche Eigenschaften zu erwarten. Derartige Aquarellkartons haben ein Gewicht von mindestens 400 Gramm pro Quadratmeter (g/m^2).
Das Papiergewicht gibt in gewisser Weise also schon Aufschluß über die Qualität des Papiers, zumindest über bestimmte Eigenschaften. Im allgemeinen liegt das Gewicht halbwegs brauchbaren Aquarellpapiers zwischen 185 und 300 g/m^2. Die dünneren Qualitäten müssen aufgespannt werden, dazu später mehr.
Die Bezeichnungen „Papier" oder „Karton" sind allerdings wenig aussagekräftig. Normalerweise wird zwar ab 150 bis 190 g/m^2 Papiergewicht von Aquarellkarton gesprochen, oft wird diese Unterscheidung aber nicht durchgängig benutzt.

Leimung

Papiere, also auch Aquarellpapiere, enthalten fast immer Leim. Je nach Art und Qualität der Leimung sinkt später die Farbe ein, oder sie bleibt hart auf der Oberfläche stehen. Fachleute sprechen von „offener" oder „geschlossener" Oberfläche. In bezug auf die Farbintensität heißt das, daß bei schwacher Leimung die Farbe tiefer in das Papier eindringt als bei stärker geleimtem Papier, auf dem die Farbflecken leicht sogenannte „Trokkenkanten" bilden. Die wässerige Farbe darf zwar nicht völlig in das Papier einsacken, aber sie darf auch nicht abperlen, sich zusammenziehen oder auf der Oberfläche auseinanderlaufen. Treten solche Erscheinungen auf, ist entweder das Papier generell völlig ungeeignet, oder es liegt ein Fabrikationsfehler vor. Derartiges habe ich bereits mehrfach erlebt. Einmal wurde das Papier später vom Markt genommen, ein anderes Mal lag ein produktionsbedingter Fehler vor: Ich bekam die Blocks ohne weiteres ersetzt.

Wolf Wrisch
Landschaft
1990
„Das eigentliche Thema dieses Bildes ist nicht so sehr das Landschaftsmotiv, sondern mehr die Spur des Aquarellpinsels. Er suggeriert in breit hingestrichenen Bahnen Hintergrundflächen, ordnet in an- und abschwellenden Zügen Linienbündel zu Verdichtungen und Überlagerungen, in Tropfen und Spritzern schließlich wirkt die Eigengesetzlichkeit der flüssigen Farbe. . . . Horizont, Schichten von Landschaft, Bäume und Gräser sind identifizierbar, ohne jedoch in platter Eindeutigkeit die Betrachter auf eine bestimmte Sicht einzuengen."
(Jost Funke in: Wolf Wrisch, Malerei 1986–1990, Drachen-Verlag)
Derartige Farberlebnisse und die sinnliche Lust am Aquarellhaften zu spüren, sind für mich ganz wesentliche Motivationen für meine Arbeit. Interessant ist, daß solche Auseinandersetzungen nicht nur mit dem eigens dafür hergestellten Aquarellmaterial lohnend sind. Der hier verwendete Malgrund ist ein sogenannter Siebdruckkarton. Der Reiz der harten Trockenkanten, das Verdrängen von dichten Farben durch wässerige Übermalungen, der klar begrenzte Fleck kommen auf diesem Material viel stärker zum Ausdruck als auf klassischem Aquarellpapier

Lichtbeständigkeit

Eine wesentliche Forderung an Künstlerpapiere ist die Lichtbeständigkeit. Das Papier darf also nicht vergilben. Dazu muß festgestellt werden, daß alle Papiere – mehr oder weniger – zum Vergilben neigen. Aber hochwertige Qualitäten sind davon natürlich in viel geringerem Maße betroffen als billiges Material. Bevor Sie größere Mengen Papier kaufen, können Sie durchaus die Lichtbeständigkeit prüfen. Decken Sie einfach einen Teil des Papiers durch einen lichtundurchlässigen Gegenstand ab, und legen Sie das Blatt ein paar Wochen ins Licht, am besten an einen sonnigen Platz in der Nähe des Fensters. Wenn sich auf dem Bogen eine Art Schattenriß mit deutlicher Verfärbung der belichteten Fläche gebildet hat, sollten Sie das Papier bestenfalls für Übungen benutzen.
Auf ähnliche Art und Weise können Sie übrigens die Lichtbeständigkeit der Aquarellfarben testen, nur was nützt Ihnen das? Manche Farbtöne enthalten weniger lichtbeständige Pigmente als andere. Wenn Sie aber genau diesen Farbton brauchen, werden Sie ihn trotzdem benutzen – und das Bild lieber nicht in die Sonne hängen.
Bei Papieren dagegen liegt die Sache anders. Da gibt es eine Vielzahl von Produkten mit ähnlichen Oberflächenstrukturen, aber mit unterschiedlichen weiteren Eigenschaften. Allerdings habe ich bisher extremes Vergilben überhaupt nur bei sehr billigen Sorten festgestellt. Wenn Sie auch hier wieder nicht allzusehr (an falscher Stelle) sparen, dürften eigentlich keine Probleme auftauchen.

Säure- und Holzhaltigkeit

Zur Zeit werden die Folgen der Verwendung „saurer" Papiere vom Buchdruck bis zum Malgrund heftig diskutiert. Die Zersetzung solchen Materials stellt Bibliotheken und Museen vor fast unlösbare Probleme. Nicht daß Sie nun unbedingt immer den Ewigkeitswert Ihrer Bilder berücksichtigen müßten; da es aber, bei vergleichbaren Preisen, ph-neutrale, also säurefreie Papiere gibt, sollten Sie auch solche wählen. Säurefreie Papiere sind solche, deren Rohstoffe mit „neutraler" Leimung verarbeitet wurden. Diese Tatsache ist ein wesentlicher Faktor für die Altersbeständigkeit des Materials. In dieser Hinsicht besteht aber leider keine Einheitlichkeit bei den Angaben der Papierhersteller.
Der zweite Faktor, die Holzhaltigkeit, ist für die meisten Aquarellpapiere ohnehin kein Thema, da diese fast ausschließlich „holzfrei" sind. Das heißt aber nicht, daß sie kein Holz enthalten würden. Aus Holz oder holzartigen Fasern bestehen zwar fast alle Papiere zum größten Teil, aber in einem Fall wird es chemisch aufbereitet („holzfreie" Papiere), im anderen Fall mechanisch zerkleinert. Holzhaltige Papiere vergilben schnell.

Oberflächen

Da die Gestaltung eines Aquarells ganz erheblich von dem Charakter der Papieroberfläche beeinflußt wird, stellt sie auch meist das wesentliche Kriterium für die Papierwahl dar. Schließlich muß die Oberflächenstruktur mit ihren jeweils typischen Eigenschaften in einem sinnvollen Verhältnis zur verwendeten Maltechnik stehen. So eignen sich beispielsweise glatte oder feine Oberflächen nicht für sehr nasse, großflächige Farbaufträge; grobkörnige Papierstrukturen dagegen sind für feinere Lasuren weniger geeignet. Es gibt normalerweise folgende Oberflächenbezeichnungen: glatt, matt, rauh, extra rauh, Feinkorn, Grobkorn, Torchon.

Leider sind die entsprechenden Oberflächenbeschreibungen aber in keiner Weise verbindlich; das heißt, daß „rauh" bei einem Hersteller nicht gleich „rauh" bei einem anderen ist, und „Torchon" ist nicht gleich „Torchon". So ist zum Beispiel das „Zeichen- und Aquarellpapier" von Schoellershammer mit der Bezeichnung „rauh" erheblich glatter als das „matte" Aquarell-Büttenpapier von Schleicher & Schnell; und in der Reihenfolge dieser Firma ist es wiederum glatter als ihr „rauhes" Papier. Letzteres entspricht in seiner Oberflächenstruktur wiederum dem „extra rauhen" Aquarellpapier von Whatman.

Wenn dann auch noch Übersetzer unbedingt ihre eigenen Beurteilungen einfließen lassen wollen, wird es ganz schwierig. So erscheint bei der Firma J. Gerstäcker das Arches-Papier „Grain fin" als „rauh" und das „Grain Torchon" als „extra rauh". Wenig hilfreich sind auch solche Oberflächenbezeichnungen wie Korn A, Korn C und Korn E. Sie sind für denjenigen, der diese Papiersorten nicht zum Vergleich vorliegen hat, völlig bedeutungslos.

Noch ein Wort zur Oberflächenbezeichnung „Torchon". Im Grunde ist es nichts weiter als das französische Wort für Wisch- oder Scheuerlappen. Die sehr grobe und unregelmäßige Papieroberfläche erscheint wie ein rauhes Gewebe. Ob dies aber die Namensgebung begründet oder ob die Tatsache dabei eine Rolle gespielt hat, daß hochwertige Aquarellpapiere ursprünglich reine „Hadernpapiere" waren, also im wesentlichen aus Lumpen, Lappen und Textilabfällen hergestellt wurden, konnte ich nicht feststellen.

Sie sehen also ganz deutlich, daß Sie nicht darum herumkommen, sich „Ihre" Papiersorte selbst zu suchen. Für Anfänger möchte ich jedoch folgenden Tip geben: Arbeiten Sie zunächst auf einem Papier mit mittelrauher Oberflächenstruktur. „Markante" Torchonkörnungen oder „ausdrucksvoll genarbte" Oberflächen wirken für die ersten Bemühungen meist ein wenig deplaciert. Als grundsätzliche Orientierung kann folgende Empfehlung dienen: Je größer das Papierformat, desto rauher kann die Oberflächenstruktur sein.

Vorder- und Rückseite

Erstaunlicherweise ist es gar nicht so einfach, über bestimmte Dinge klare Auskünfte zu bekommen. Nachdem ich in vielen Büchern sehr Unterschiedliches und zum Teil sogar Widersprüchliches gelesen hatte, wendete ich mich direkt an die Papierhersteller. Trotz eben auch genau gegenteiliger Aussagen scheint es sicher zu sein, daß die Aquarellpapiere nicht nachträglich auf lediglich einer Seite geleimt werden und somit auch nicht nur einseitig verwendbar sind. Vielmehr können Sie trotz der Kennzeichnung der „richtigen" Seite durch den aufgeprägten oder als Wasserzeichen erkennbaren Herstellernamen (bei Einzelbogen) sicher sein, daß sie von beiden Seiten verwendbar sind. Vorder- und Rückseite haben meist nur eine andere Oberflächenstruktur. Diese Tatsache wird sogar soweit ausgenutzt, daß ein Hersteller Blocks mit rauher und matter Oberflächenstruktur verkauft, die aus genau demselben Papier bestehen: Einmal zeigen die Vorderseiten nach oben, einmal die Rückseiten. Die Unterschiede sind produktionsbedingt, sie haben keinen Einfluß auf die Gesamtqualität des Materials. Insofern ist es reine Geschmackssache, auf welcher Papierseite Sie arbeiten.

So gesehen bezeichnen die „Wasserzeichen" oder Prägestempel auch nicht die „richtige" Seite des Papiers. Vielmehr sollen sie, ebenso wie die Büttenränder an manchen Papieren, Garantie für die Herstellungsart und die Qualität verdeutlichen, wofür sich der Produzent mit seinem Schriftzug verbürgt. Solche Zeichen entstehen übrigens schon bei der Papierherstellung. Sie erscheinen später als dünnere und damit durchscheinende Partien, oder sie werden in das fertige Papier eingeprägt.

Formate

Erwarten Sie nicht, daß Aquarellpapiere die allgemein üblichen DIN-Formate haben. Das hat verschiedene Gründe.

Zum einen sind es traditionelle Gesichtspunkte, die bei der Festlegung der Papierformate noch immer eine Rolle spielen – immerhin verweisen fast alle bekannten Papierhersteller auf ihre lange Tradition (Whatman-Papiere gibt es seit 250 Jahren, die Hahnemühle seit über 400, Arches seit fast 500 Jahren, und in Fabriano wird bereits seit 1276 Papier produziert).

Zum anderen sind die Formate ganz wesentlich produktionsbedingt, also von den Maschinengrößen abhängig. Die Formate von Einzelbogen bei Herstellern hochwertiger Aquarellpapiere sind beispielsweise die in der nächsten Spalte aufgeführten:

55 x 76 cm, Aquarellkarton Arches,
56 x 76 cm, Aquarellkarton Farbriano Artistico,
40 x 54 cm, 47 x 65 cm, 55 x 73 cm und
53 x 65 cm, Hahnemühle Bütten-Aquarellkarton,
51 x 73 cm, Schoellershammer-Aquarellkarton,
56 x 76 cm, Whatman Künstler-Aquarellpapier.

Die Empfehlung, daß sich Anfänger bei der Papierwahl tunlichst an Standardsorten halten sollten, schließt nicht aus, die Wirkung spezieller Aquarellpapiere auszuprobieren.

Das Aquarell oben und das auf Seite 45 sind beispielsweise auf Papiersorten mit ziemlich ausgeprägten Oberflächen gemalt. Obwohl die Körnung oben zwar nicht allzu grob ist, beeinflußt sie dennoch ganz wesentlich den Verlauf der Farbe: Sie setzt sich in den Vertiefungen ab und bildet – bei zügigem Farbauftrag – keine zusammenhängenden Farbflächen mehr („granulierender" Farbauftrag, siehe auch Seite 76)

Blocks

Neben den losen Aquarellbogen gibt es Aquarellpapier natürlich auch in Blockform im Handel: Meist 10 oder 20 Blatt Papier sind vierseitig auf einem stabilen Karton verleimt. Diese Blocks sind erheblich einfacher zu handhaben als die losen Blätter und daher Anfängern besonders zu empfehlen. Das – weiter hinten beschriebene – Aufziehen der Einzelbogen entfällt. Das Papier besitzt während des Malvorgangs und vor allem nach dem Trocknen eine ausreichende Planlage.

Da das Angebot an Aquarellblocks sehr groß ist, möchte ich Ihnen anschließend ein paar Gesichtspunkte für den Kauf und die angemessene Verwendung nennen.

- Vom Kauf sogenannter Studien-Aquarellblocks ist in der Regel abzuraten. Meist sind sie für die wesentlichen Aquarelltechniken völlig ungeeignet: Das Papier ist zu dünn, von schlechter Qualität und meist nur zweiseitig verleimt.
- Achten Sie darauf, daß die Blocks an allen vier Seiten gut verleimt sind. Besonders sicher sind Leimungen, die durch einen Textilstreifen verstärkt sind. Andernfalls können sich – insbesondere wenn es, wie im Süden häufiger der Fall, wärmer wird – die Bogen schon recht bald voneinander und vor allem von der Pappe lösen.
- Wählen Sie keine zu kleinen Formate. Blocks unter 24 x 32 cm verleiten zum „bildchenhaften" und allzu kleinteiligen Arbeiten. Die fürs Aquarellieren nötige Großzügigkeit des Farbauftrages wird leicht eingeengt.
- Aquarellpapier sollte grundsätzlich weiß sein. Von „warmen Antiktönen", von „chamois" oder „zartgrauen" Farbtönen ist unbedingt abzuraten. Aquarellfarbe soll schließlich – per Definition – lasierenden Charakter haben. Durch die Verwendung getönten Papiers sind klare, reine Farbentscheidungen gar nicht mehr umzusetzen, jede Farbe wird unmittelbar zur Mischfarbe.
- Manche Hersteller zählen alle – positiven – Eigenschaften ihrer Papiere auf, also zum Beispiel: neutral geleimt, säurefrei, alterungsbeständig und widerstandsfähig gegen Pilzbefall (vielen Papieren werden Fungizide zugesetzt). Andere Produzenten erwähnen so etwas kaum. Die Tatsache, daß die besonderen Eigenschaften nicht herausgestellt werden, sagt also nicht unbedingt aus, daß es sich um schlechtere Papiere handelt. Das sogenannte Hadernpapier (mit mindestens 60% Lumpen oder Textilabfällen) gilt als besonders hochwertiges Aquarellpapier. Dennoch: Die objektive Qualität des Materials ist immer nur ein Gesichtspunkt. So interessant und einleuchtend die genannten Eigenschaften auch sind: Wenn Ihnen das Papier subjektiv nicht „liegt", bleiben sie nur schöne Worte.
- Zum Abschluß eine Warnung: Mit Fettfingern, radierten Flecken, Knicken und Druckstellen können Sie zwar auch ohne weiteres Ihr Bild gestalten; es fragt sich nur, ob Sie das immer so wollten. Gehen Sie also sorgfältig mit dem Papier um.
- Und noch ein Tip: Manchmal soll es Probleme beim Abtrennen der Blätter geben. Nor-

Ein zarter Farbauftrag, auf dem allzu heftig herumgewaschen wurde. Die Spuren der Waschungen zeichnen sich deutlich ab

Nachträglich lassen sich Bleistiftstriche nicht mehr wegradieren, ohne daß auch die Aquarellfarbe entfernt wird (linker Bereich). „Fettfinger" auf dem Papier bleiben natürlich sichtbar, weil die wässerige Farbe von der gefetteten Papieroberfläche abperlt (rechts). Abhilfe schaffen ein paar Tropfen Ochsengalle (flüssig) oder einfacher: ein Näpfchen verfestigter Ochsengalle („Onetz"), das man zu diesem Zweck im Aquarellkasten hat.
Am sinnvollsten ist es, wenn Sie nach dem Skizzieren vorsichtshalber das ganze Blatt mit einem mit Wasser und ein wenig Ochsengalle getränkten Schwämmchen leicht (!) abreiben

malerweise ist in der Verleimung der Blocks eine Stelle freigelassen, meist in einer Ecke oder der Mitte einer Längsseite. Mit einem flachen, keinesfalls aber scharfen Gegenstand lassen sich die Bogen am besten voneinander lösen; also zum Beispiel mit einem normalen Besteckmesser. *

Erfahrungen sammeln

Ansonsten ist die Wahl des Papiers, viel mehr als die von Farbe oder Pinsel, von der eigenen Erfahrung abhängig. Und das nicht nur in bezug auf die Oberflächenstruktur, sondern auch hinsichtlich anderer Entscheidungskriterien: Größe, Farbton, Gestaltung der Bogenränder und vor allem der Tatsache, wie das Papier die Farbe annimmt, wie die Farbe darauf steht, wie sie fließt und so weiter.

Papiermuster
Es gibt übrigens ein paar Hersteller oder Händler, die Papiermuster verkaufen. So können Sie bei der Firma J. Gerstäcker alle Aquarellpapiere, die dort angeboten werden, in Form postkartengroßer Handmuster bestellen. Die Firma Schleicher & Schnell bietet einen Sortimentsblock im Format 24 x 32 cm mit zehn verschiedenen Papiersorten an. Solche kostengünstigen Entscheidungshilfen sind unbedingt zu begrüßen, auch wenn der Fachhandel so etwas gern ignoriert. In den Regalen findet man sie jedenfalls kaum.
Experimentieren Sie also ruhig – aber bedenken Sie, daß der Sinn nicht darin liegen sollte, in der Aquarellmalerei auf vordergründige oder originelle Tricks zu bauen!
Erfahrungen im Umgang mit Papier sammeln Sie am besten, wenn Sie jeweils dasselbe Motiv und dieselbe Technik auf den unterschiedlichen Papiersorten erproben.

Das Aquarellpapier, auf dem dieses Bild gemalt wurde, hat eine ungewöhnlich extreme Narbung; sie ist stärker als bei dem Motiv von Seite 43. Dadurch wird die Wirkung nicht bloß leicht beeinflußt, vielmehr bekommt die Oberfläche eine derart starke Bedeutung für das Bild, daß sie einen fast gleichwertigen Gestaltungsfaktor wie Farbigkeit oder Farbauftrag darstellt

* das stilgerechte Werkzeug dafür ist das sogenannte "Falzbein"

Hier einige Ergebnisse von Versuchen mit verschiedenen Malgründen: oben auf glatt gestrichenem Druckpapier, daneben auf japanischem Faserpapier, ganz rechts auf grundierter Hartfaserplatte

Experimente

Neben allen ernsthaften Bemühungen um das Erlernen der Aquarellmalerei dürfen Sie nicht vergessen, daß Sie unbedingt auch Spaß daran haben sollten. Sonst reicht Ihre Begeisterung nämlich nicht sehr lange. Gehen Sie spielerisch mit Ihren Bildideen und mit dem Material um. Probieren Sie beispielsweise aus: verschiedene Papiersorten, Pappe, grundierte Holzplatten, Stoff und so weiter.
Warum ist das wichtig? Zuallererst, weil der Umgang mit dem Material Spaß macht. Spieltrieb und Neugier reichen als Begründung dafür eigentlich schon vollkommen aus. Zudem machen Sie wichtige Erfahrungen mit dem Material. Sie erweitern das Repertoire Ihrer gestalterischen Möglichkeiten.
Eines sollten Sie bei solchen Spielereien aber keinesfalls beabsichtigen, nämlich „Kunst" zu produzieren. Einerseits verhindern Sie so, daß Sie wirklich Freude an solchem, scheinbar absichtslosen Tun haben, andererseits kommt statt Kunst dann doch immer nur Dilettantismus und Kitsch dabei heraus.

Papiererprobung

Will man eine Reihe verschiedener Aquarellpapiere systematisch testen, kann man einen Vergleich wie auf dieser Doppelseite anstellen – mit einfachen Mitteln. Verwenden Sie jeweils die gleichen Farben und Techniken, damit eine Beurteilung möglich ist.
Folgende Dinge habe ich hier untersucht:

1. Wie läßt sich die Farbe auftragen, wie verhält sie sich, wie ist ihre Lasurwirkung (jeweils links)?

2. Läßt sie sich mit einem Schwämmchen wieder vom Papier entfernen, also abwaschen (jeweils Mitte)?

3. Wie verläuft die Farbe auf feuchtem Papier (jeweils rechts)?

Die sieben Proben sind hier etwas verkleinert wiedergegeben.

A

B

C

A Japico, Grobkorn (sehr starke Körnung)
1. stark aufbrechende Flächen, gleichmäßige Farbverteilung mit leichter Tendenz zu verstärkter Pigmentansammlung in den Vertiefungen; Farbe sackt relativ stark in das Papier ein, daher Tendenz zum Verdunkeln der Lasuren
2. sehr schlechte Korrekturmöglichkeiten; zwar läßt sich die Farbe entfernen, aber das Papier löst sich dabei sehr schnell mit auf
3. mittlere Verlaufsneigung
   Außerdem: dehnt sich extrem aus, wird auch nach dem Trocknen nicht wieder glatt

B Schoellershammer, Torchon fein (trotz typischer Torchon-Struktur: recht glatte Oberfläche)
1. relativ geschlossene bis leicht aufbrechende Flächen, sehr gleichmäßige Farbverteilung, gleichmäßige Lasurwirkung, leichte Bildung von Trockenkanten
2. gute Korrekturmöglichkeiten
3. starke Verlaufsneigung

C Schleicher & Schuell, extra rauh (starke Körnung)
1. aufbrechende Flächen, gleichmäßige Farbverteilung mit leichter Tendenz zu verstärkter Pigmentansammlung in den Vertiefungen; bei Lasuren zieht sich die obere Farbe manchmal zusammen
2. mittlere Korrekturmöglichkeit
3. starke Verlaufsneigung

D Schoellershammer, Zeichen- und Aquarellpapier, glatt (ohne jede Körnung)

1. geschlossene Fläche, extrem ungleichmäßige Farbverteilung, Bildung von Trockenkanten
2. extrem hohe Korrekturmöglichkeiten
3. sehr geringe Verlaufsneigung
   Außerdem: erfüllt kaum die Anforderungen, die an ein Aquarellpapier gestellt werden, reizvoll aber für besondere Verfahren

D

E

F

G

E Fabriano, Feinkorn (geringe Körnung)

1. geschlossene Fläche, gleichmäßige Farbverteilung, Farbe sackt etwas ins Papier, daher Tendenz zum Verdunkeln der Lasuren
2. schlechte Korrekturmöglichkeit; zwar läßt sich die Farbe entfernen, aber das Papier löst sich dabei mit auf
3. mittlere Verlaufsneigung

F Schleicher & Schuell, rauh (mittlere Körnung)

1. leicht aufbrechende Flächen, gleichmäßige Farbverteilung mit leichter Tendenz zu verstärkter Pigmentansammlung in den Vertiefungen; bei Lasuren zieht sich die obere Farbe manchmal zusammen
2. mittlere Korrekturmöglichkeit
3. starke Verlaufsneigung

G Schleicher & Schuell, Torchon (typische Torchon-Struktur)

1. relativ geschlossene bis leicht aufbrechende Flächen, Neigung zu ungleichmäßiger Farbverteilung; bei Lasuren zieht sich die obere Farbe manchmal zusammen, großflächig ungleichmäßige Lasuren, Bildung von Trockenkanten
2. gute Korrekturmöglichkeiten (mechanisch extrem belastbares Papier)
3. starke Verlaufsneigung

Aufspannen von Einzelbogen

Feuchtes Papier dehnt sich aus, es wird wellig, dadurch wird der Farbauftrag ungleichmäßig. Insbesondere auf einem dünnen Aquarellbogen läßt sich kaum arbeiten, wenn das Papier nicht aufgespannt wird. Diese Tatsache habe ich bereits weiter vorn dargestellt. Was genau aber ist „dünnes" Papier, welches muß aufgespannt werden, und bei welchem Papier können Sie sich die Mühe sparen?
Ich hatte erwähnt, daß ein dickeres Papier ab etwa 400 g/cm² nicht oder kaum wellig wird, also auch nicht extra aufgespannt werden muß. Diese Angabe ist aber nur bedingt richtig. Erstens ist die Aussagekraft des Papiergewichts eine relative Größe, da beispielsweise stark geleimte Papiere bei gleichem Gewicht dünner sind als schwächer geleimte. Zweitens dehnen sich gleich schwere, aber unterschiedliche Papiere nicht unbedingt gleich stark aus, wenn sie angefeuchtet werden. Daher sollte man drei verschiedene Aufspannmethoden unterscheiden.

Methode 1
Bei kräftigen Papieren, die sich durch Anfeuchten nur relativ geringfügig wellen, reicht es, das trockene Papier mit Kreppklebestreifen auf der Arbeitsplatte zu befestigen.

Methode 2
Mittelstarke Papiere erfordern ein einseitiges Anfeuchten des Aquarellpapiers von der Rückseite her. Dazu benutzen Sie am besten einen größeren Schwamm. Reiben Sie aber nicht allzu heftig auf der Papieroberfläche herum, insbesondere im feuchten Zustand ist das Material meist recht empfindlich. Nachdem das Papier seine größte Dehnung erreicht hat (das dauert meist ein paar Minuten), wird es mit der feuchten Seite nach unten auf die Arbeitsplatte gelegt und wiederum mit Kreppstreifen festgeklebt. Wenn die Feuchtigkeit nicht auf die Vorderseite durchgeschlagen hat und wenn die Arbeitsplatte nicht naß geworden ist, haftet das Band gut.

Methode 3
Bei Papieren, die sich stark wellen und sich nach dem Trocknen auch schlecht wieder glattziehen, ist ein aufwendigeres Verfahren ratsam. Das Papier muß vollkommen durchnäßt werden. Das geschieht entweder, indem Sie es – ohne Knicke – in einen Wasserbehälter legen (zum Beispiel eine Fotowanne), oder Sie feuchten es kräftig von beiden Seiten mit einem Schwamm an. Dann beobachten Sie, wann das Material seine größte Ausdehnung erreicht hat. (Sonst wirft es, wenn man es zu früh aufklebt, gleich wieder Beulen.) Warten Sie also ein paar Minuten, und legen Sie es

Zum Aufspannen der durchnäßten Papiers wird Leimklebeband verwendet

dann glatt und ohne Wasserpfützen auf eine Span-, Sperrholz- oder Tischlerplatte. Gegebenenfalls müssen Sie das überschüssige Wasser mit einem Schwamm wegwischen. Festgeklebt wird das Papier diesmal mit Leimklebestreifen, da das Kreppklebeband ja nur auf trockenen Oberflächen haftet. Wenn das Papier trocknet, zieht es sich wieder zusammen. Es entsteht ein starker Zug auf die Streifen. Die üblichen gummierten Packpapier-Klebestreifen sollten Sie deswegen doppelt übereinanderkleben, da sie sonst reißen können. Diese Gefahr besteht auch, wenn das Papier zu schnell und zu ungleichmäßig trocknet. Benutzen Sie also nicht den Fön, und stellen Sie die Arbeitsplatte auch nicht vor die Heizung oder in die pralle Sonne. Die Trocknung sollte vielmehr langsam bei liegender Platte geschehen.

Büttenpapier

Im Zusammenhang mit dem Aufspannen von Aquarellpapieren müssen besondere Schwierigkeiten mit dem sonst eher hochwertigen (und wegen seiner ungeschnittenen Ränder auch reizvollen) Büttenpapier erwähnt werden. Die unregelmäßigen Ränder, die ja erhalten bleiben sollen, sind meist bereits recht wellig, bevor auf dem Papier überhaupt gemalt wird. Beim völligen Durchnässen gleichen sich die Unregelmäßigkeiten aus, und das Papier läßt sich plan mit Leimklebestreifen aufspannen.
Normalerweise wird das fertige und gut durchgetrocknete Bild an der Innenkante der Klebestreifen entlang mit einem scharfen Messer sauber herausgeschnitten; die auf dem Brett befindlichen Klebestreifen werden anschließend eingeweicht und lassen sich dann relativ leicht mit den abgeschnittenen Rändern entfernen.
Wollen Sie aber die (Bütten-)Ränder erhalten, schneiden Sie nicht. Statt dessen müssen Sie die Streifen vorsichtig – der Bogen selbst soll schließlich nicht wieder naß werden – anfeuchten. Tun Sie das so lange, bis sich die Leimschicht löst und der Streifen entfernt werden kann.

Neue Möglichkeiten

Das Ablösen der Streifen funktioniert übrigens nicht bei allen Papieren gleich gut. Insgesamt läßt sich sagen, daß auch schon das Aufziehen des Papiers nicht sofort beim ersten Mal klappt, zumal sich die unterschiedlichen Papiere sehr verschieden verhalten. Wenn Sie aber mit dem zuletzt beschriebenen Verfahren gut zurechtkommen, kann sich für Sie ein sehr umfangreiches Feld für Experimente öffnen.
So können Sie auch ungewöhnliche Papiere ausprobieren, die beispielsweise sehr viel dünner, schlechter und billiger sind. Sie können die Papiere grundieren (in älteren Büchern werden zum Beispiel Gipsgründe als „hervorragend geeignete Bildträger" genannt) und sie natürlich auch für andere Maltechniken verwenden (selbst Ölmalgründe lassen sich auf so aufgespannte Papiere auftragen).
Auch im Falle des Aufspannens gilt, daß ein Versuch immer lohnt – vielleicht auch mehrere. Nur auf diese Weise können Sie wertvolle Erfahrungen sammeln.

Arbeitsplatz

Das Angenehme der Aquarellmalerei ist zwar, daß man fast überall malen kann (man braucht nicht viele Utensilien), dennoch sollte man die Frage des Arbeitsplatzes nicht unterschätzen.

Zu Hause

Ich empfehle unbedingt, daß Sie sich irgendwo in Ihrer Wohnung einen festen Arbeitsplatz einrichten, an dem angefangene Bilder liegenbleiben können; dort können Sie ohne viel Vorbereitung zum Pinsel greifen und auch zwischendurch einfach etwas ausprobieren. Sicher, Sie werden ohnehin schnell ein Gefühl dafür entwickeln, daß die Ergebnisse nur wenig befriedigen, wenn Sie nicht wirklich bei der Sache sind. Aber das ist nur die eine Seite der Medaille. Die andere ist die: Der Aufwand, jedesmal einen geeigneten Arbeitsplatz herzurichten und alles hervorzukramen, führt dazu, daß Sie ganz hohe Erwartungen an sich und Ihre Bilder aufbauen, die sich oft nicht erfüllen. Schließlich wollen Sie lernen und nicht produzieren. Dabei stellen sich sowieso kaum vorzeigbare Ergebnisse ein. Und wenn Sie zum Schluß nach einem solchen – vielleicht für Sie enttäuschenden – Erlebnis alles wieder wegräumen, ist es mehr als fraglich, ob es dann noch ein nächstes Mal gibt.

Zum Anmischen der Tubenfarben sind Metall- oder Kunststoffpaletten zu verwenden

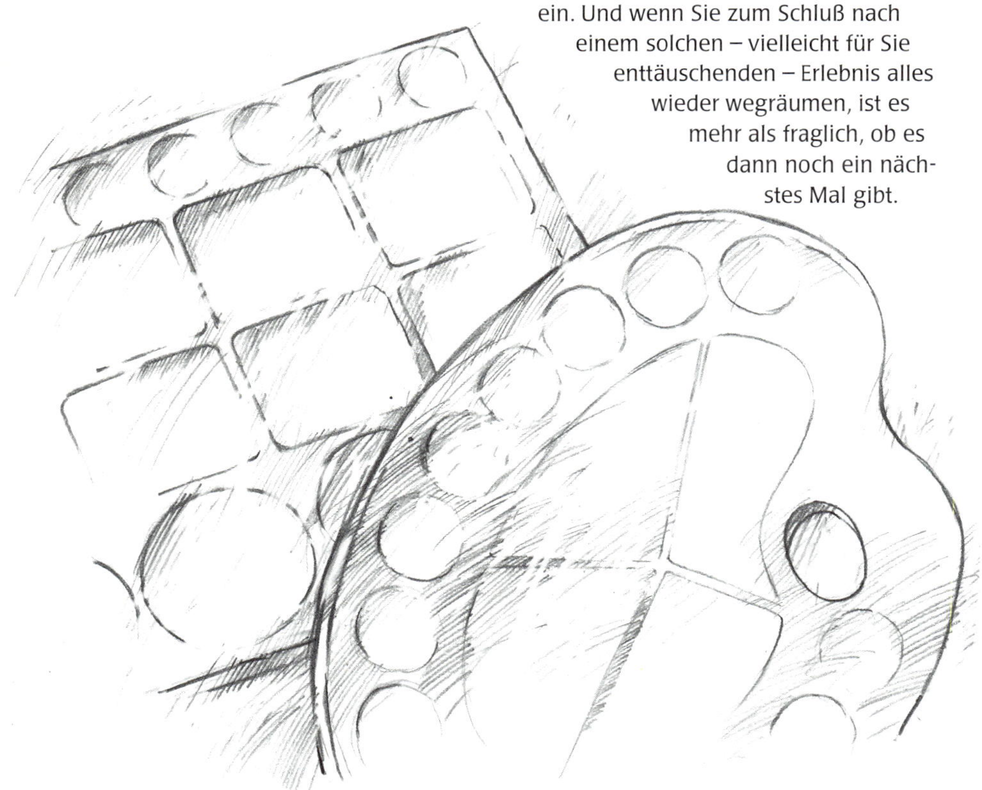

Auch die Teilnahme an einem Kurs sollte Sie nicht davon abhalten, sich zu Hause einen Arbeitsplatz einzurichten. Denn Kurse sind nur für den Einstieg oder für neue Impulse da, zum Auffrischen oder um andere Teilnehmerinnen oder Teilnehmer kennenzulernen, mit denen Sie sich vielleicht auch außerhalb des Kurses treffen könnten, um gemeinsam zu malen. Nicht aber, um endlich mal wieder etwas zu tun. Wer je Musikunterricht hatte, weiß, daß kein Instrument zu erlernen ist, wenn nicht zwischen den Stunden geübt wird. Genauso ist es mit der Aquarellmalerei.

Tisch

Hohe Anforderungen an Ihren Arbeitsplatz müssen Sie nicht stellen. Er sollte lediglich hell und gut beleuchtet sein. Ein normaler Tisch reicht aus. Insbesondere wenn Sie auf Aquarellmalblocks malen, brauchen Sie keine spezielle Arbeitsplatte. Auch der Kauf einer Staffelei ist wenig sinnvoll, da Ihr Papier in der Regel flach liegen muß. (Es gibt zwar auch Staffeleien mit horizontal kippbarer Malebene; sie sind für Fortgeschrittene beim Arbeiten im Freien durchaus nützlich, aber in der Wohnung – oder anspruchsvoller: im Atelier – sind sie überflüssig.

Aquarellpapier, Farbe und Pinsel

Auf diese Dinge bin ich ja schon in den vorigen Kapiteln sehr ausführlich eingegangen, daher zähle ich sie hier nur der Vollständigkeit halber auf.

Wasser

In der Regel ist normales Wasser zum Verdünnen der Aquarellfarben völlig ausreichend; nur wenn Ihr Leitungswasser extrem kalkhaltig ist, sollten Sie es vorher abkochen und durch einen Kaffeefilter gießen oder sogar destilliertes Wasser benutzen.

Wassergefäße

Verwenden Sie zwei Wassergefäße: eines zum Auswaschen der Pinsel, das andere, um klares, sauberes Wasser für die nächste Farbentnahme im Pinsel zu haben. (Wie schon geschrieben: Vergraute Farben sollten eine bewußte gestalterische Entscheidung sein, keine Folge schmutzigen Wassers.)

Schwammtuch

Das Haushalts-Schwammtuch wirkt zwar furchtbar „hobbymäßig" und spießig, aber es erfüllt tatsächlich optimal seinen Zweck: die Feuchtigkeitsregulierung der Pinselhaare. Soeben ausgespülte Pinsel sind oft viel zu naß. Locker über das Tuch gezogen, geben sie überschüssiges Wasser ab. Draußen oder in meinem Atelier kann ich meinen Pinsel schwungvoll ausschlagen, damit komme ich sogar besser zurecht als mit dem Tuch. Ich fürchte aber, daß viele von Ihnen die dabei entstehenden Farbspuren auf dem Fußboden nicht so sehr mögen. Also empfehle ich diese Methode besser nicht. Das Schwammtuch stellt aber tatsächlich eine sinnvolle Alternative dar. Sie sollten es erst völlig durchnässen und dann ausdrücken: So entwickelt es die größte Saugkraft.

Naturschwämmchen

Ein weiterer Schwamm sollte auf Ihrem Arbeitstisch liegen: ein kleines, feinporiges Naturschwämmchen. Nicht, um damit – wie manchmal empfohlen wird – irgendwelche Farbstrukturen auf das Blatt zu tupfen, sondern zum Anfeuchten großer Flächen und als letzte Rettung, wenn wirklich ganz furchtbare Dinge auf dem Blatt entstanden sind. Sie müssen das Papier ja nicht immer gleich wegwerfen. Wenn Sie schnell mit dem (auch leicht feuchten) Schwämmchen die schlimmsten Dinge entfernen, können Sie das Bild vielleicht noch retten.
Ich schreibe das mit allen Vorbehalten: Aquarellpapier ist keine Schultafel, auf der Sie nach Belieben herumputzen können. Außerdem sollten Sie ohnehin nicht so verkrampft auf das Ergebnis schielen. Besser ein Blatt großartig verpatzt – als es ängstlich zum Ziel quälen. Dem Bild sehen Sie die Rettungsversuche ohnehin meist an: müde, matt, krank, tot. Sie kennen den Abzählreim. Er beschreibt das Ergebnis ziemlich treffend. Halten Sie sich vor Augen, daß ein Aquarell von seiner Frische, der Leuchtkraft seiner Farben und von seiner vitalen Handschrift lebt.

Von links nach rechts: Entwurf/Skizze/Bildidee, Pinselglas (die Pinsel sollten nur im trockenen Zustand so, also mit den Haaren nach oben, aufbewahrt werden, ansonsten liegen sie auf dem Tisch), Aquarellblock, Aquarellschwämmchen (besonders feinporig, ein Stück vom Badeschwamm oder ein Synthetikschwamm sind ungeeignet), Aquarellkasten, Schwammtuch, zwei Wassergläser, Aufstreichbogen/Schmierpapier

Wenn Sie zu Hause keinen Tisch für sich reservieren können, aber vor allem für das Malen im Freien (wenn Sie keine verstellbare Staffelei kaufen und den Block nicht immer auf den Knien halten wollen): Bauen Sie sich als Alternative einen transportablen Arbeitstisch. Das rechts abgebildete Modell hat einer meiner Kursteilnehmer entwickelt. Es besteht aus einer zusammenklappbaren Sperrholzplatte, die sich – mit einem entsprechenden Gewinde ausgestattet – auf ein Fotostativ schrauben läßt. Drei in die Platte eingelassene Magnete halten den Aquarellkasten, die Wasserbehälter werden eingehängt, eine eingekehlte Leiste verhindert, daß die Pinsel wegrollen, und zwei Aluminiumprofile fixieren die Platte in aufgeklapptem Zustand

Skizzenpapier

Bei der Ausstattung des Arbeitsplatzes gehe ich davon aus, daß Sie bereits wissen, was Sie malen wollen, wie das Bild aufgebaut werden soll und so weiter (siehe Kapitel „Gestaltungsabsichten"). Daher liegt ein Entwurf neben dem Aquarellblock. Auch wenn beispielsweise ein simpel erscheinendes Stilleben als Motiv vor Ihnen steht, sollten Sie trotzdem erst einmal Ideenskizzen entwickeln und gestalterische Lösungsmöglichkeiten ausprobieren, um schließlich relativ sicher zu sein, was Sie und wie Sie es malen wollen. Der Entwurf ist also eine Art selbstentwickelte Malvorlage, die unbedingt dazugehört.

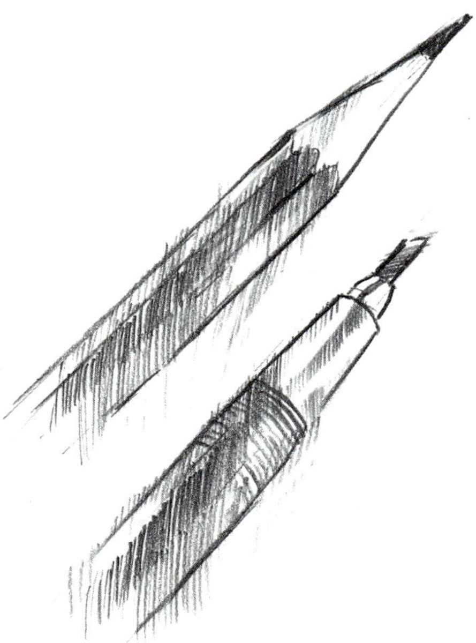

Bleistift

Wenn Sie mit der Entwurfskizze Ihre Bildidee festgehalten haben, sollten Sie mit zarten Bleistiftlinien auf dem Aquarellpapier die Komposition andeuten.

Papier für Aufstreichproben

In der Nähe des Farbkastens sollte ein Aquarellbogen für Aufstreichproben liegen, zum Beispiel die Rückseite eines mißlungenen Versuchs oder die unbemalten Reste eines abgebrochenen Bildes. Bevor Sie nämlich die Farben auf das Papier setzen, sollten Sie sicher sein, wie sie auf Papier wirken, welche Intensität sie haben und welcher Farbton bei der Mischung wirklich herausgekommen ist. Im Kastendeckel ist das schwer zu beurteilen. Die Farben wirken dort meist anders.

Palette

Als Alternative zum Farbkasten, darauf habe ich bereits im Abschnitt über die Aquarellfarben hingewiesen, könnten natürlich auch Farbtuben auf Ihrem Tisch liegen. In diesem Fall brauchen Sie dazu eine Palette. Es lohnt sich nicht, so etwas selbst zu basteln oder einen flachen Teller als Ersatz zu benutzen. Kunststoffpaletten sind inzwischen ziemlich preiswert. Achten Sie bei der Anschaffung darauf, daß ausreichend viele begrenzte Abteilungen für die reinen Farben und eine möglichst große Fläche zum Mischen vorhanden sind.

Ein Tip am Rande: Abstand halten!

Auch wenn es sich eigentlich „von selbst" versteht: Ein Aquarell muß flach liegend oder auf einer nur leicht geneigten Ebene gemalt werden, sonst läuft die Farbe herunter.
Wenn Sie vor einer Staffelei stehen, sind Sie natürlich beweglicher, als wenn Sie an Ihrem Tisch sitzen. Das hat sogar Auswirkungen auf Ihren ganz persönlichen Arbeitsstil. Die stehende Arbeitsweise fordert nämlich ein freieres Vorgehen heraus. Sie treten häufiger zurück, Sie haben einen wesentlich besseren Überblick. In diesem Zusammenhang hier schon einmal eine ganz wichtige Empfehlung: Bleiben Sie nicht andauernd dicht vor der Malfläche sitzen. Stehen Sie während des Malens von Zeit zu Zeit auf, um Ihr Bild aus etwas größerem Abstand zu betrachten. Da sieht es dann manchmal ganz anders aus, Sie beurteilen es mit anderen Augen.

Im Freien

Das bisher beschriebene Material muß ergänzt beziehungsweise ersetzt werden, wenn Sie im Freien arbeiten wollen.

Malhocker
Sie brauchen einen Malhocker, der an sich nichts Besonders darstellen muß. Es kann ein ganz gewöhnlicher Campinghocker sein, je nach Bedarf mit oder ohne Rückenlehne.

Staffelei
Die bereits erwähnte, verstellbare Staffelei kann, bei entsprechender Malweise und je nach Temperament, sehr nützlich sein. Andernfalls legen Sie den Block oder das Malbrett einfach auf die Oberschenkel.

Transportgefäße für Wasser
Die Wassergefäße sollten für die Arbeit im Freien verschließbar sein, oder Sie nehmen zusätzlich eine ausreichend große Flasche für das Wasser mit. Als Arbeitsgefäß sind Flaschen ungeeignet; genau wie Wasserbehälter auf dem Tisch in der Wohnung müssen sie nämlich möglichst weite Öffnungen haben.

Skizzenblock
Für die Vorübungen, Skizzen und Entwürfe ist die Mitnahme eines kleinen Skizzenblocks empfehlenswert. Da die zeichnerischen Vorübungen aber auch dem möglichst genauen Erfassen der Situation dienen, einer Art Verstehen mit dem Bleistift, sollten Sie das Blockformat nicht allzu klein wählen (also etwa ab 18 x 24 cm).

Bambusmatte
Die Pinsel werden am schonendsten in der bereits beschriebenen Matte transportiert (siehe Seite 37).

Leinentasche
Schließlich sollten Sie eine große Leinentasche besitzen (sie läßt sich ganz einfach selbst nähen), in der der größte Block, der Hocker und die anderen Malutensilien bequem zu transportieren sind.

Tubenfarben
Da Ihr Malformat im Freien sicherlich maximal auf die größeren Blockgrößen (also 36 x 48 cm oder 42 x 56 cm) beschränkt * sein wird, besteht keine Notwendigkeit, große Mengen Farbe zur Verfügung zu haben. Damit entfällt der wesentliche Grund für die Verwendung von Tuben. Außerdem fördert die Handhabung dieser Farben kaum ein zügiges Arbeiten. Das Gegenteil ist eher der Fall. Und die Situation, daß ein Kursteilnehmer die Schraubverschlüsse seiner Farbtuben im Gras suchte, war durchaus kein Einzelfall.

Von unten nach oben: Baumbusmatte zum Transport der Pinsel, Aquarellkasten, Wassergefäße mit weiten Öffnungen, Skizzenblock, Aquarellblock, eine selbstgefertigte Umhängetasche, in die alles hineinpaßt, Klapphocker. (Natürlich ist ein Campingstuhl oder -sessel bequemer, auch ein kleiner Sonnenschirm, der im Boden verankert und an der Stuhllehne befestigt wird, wäre eine durchaus sinnvolle Ergänzung. Das gleiche gilt für die im Text beschriebene Aquarellstaffelei. Die entscheidende Frage ist nur, ob Sie eine derartige Ausrüstung auch tragen können . . .)

* von größeren Formaten ist abzuraten, weil im Sitzen der richtige Abstand fehlt den man für großformatige Arbeiten braucht!

Der Umgang mit dem Pinsel

Das „Instrument“ kennenlernen

Weiter vorn habe ich das Erlernen der Aquarellmalerei mit dem eines Musikinstrumentes verglichen. Dieser Vergleich ist ein guter Ausgangspunkt für das folgende Kapitel. Er macht nämlich deutlich, daß es in bezug auf die Bedeutung des Übens keine Rolle spielt, ob Sie musizieren oder malen. Um ein anspruchsvolleres Musikstück spielen zu können, müssen Sie die Töne und ihren Zusammenklang kennen und vor allem die entsprechende Handhabung Ihres Instrumentes beherrschen. Für die Malerei, und insbesondere die Aquarellmalerei, ist das nicht anders. Sie müssen, das habe ich bereits ausgeführt, die Farben, die Farbmischungen und ihren Zusammenklang kennen, und Sie müssen vor allem auch die Handhabung Ihres Werkzeuges, also Ihrer Pinsel, beherrschen. Gerade ein Aquarell lebt vom lebendigen, souveränen Farbauftrag. Die Pinselspur trägt ganz wesentlich zum Reiz eines Bildes bei, oder sie läßt das Bild leblos, langweilig und „angestrichen“ erscheinen, je nachdem. Nie geht es beim Aquarell nur darum, Flächen auszufüllen, die durch Vorzeichnung festgelegt wurden.

Bewegungsspuren und Handschrift

Ich verwende in diesem Zusammenhang gern den Begriff der Handschrift. So wie eine reizvolle Handschrift viel mehr darstellt als nur die Aneinanderreihung von Buchstaben und Wörtern, so erzeugt auch der Pinsel individuell sehr unterschiedliche, charakteristische Spuren.

Es gibt schwungvolle, eckige, zackige, weiche, fließende, großzügige, weit ausholende, spielerische . . . Handschriften. Und sicher ist, daß die Handschrift des Künstlers nicht (in erster Linie) von der Qualität oder gar der Vielfalt der Pinselarten und -größen, die er verwendet, herrührt.

Der Reiz der Gestaltung wird ganz entscheidend von der Fähigkeit abhängen, wie ein Maler (oder Zeichner, Bildhauer . . .) sein Werkzeug anwendet, wie er seine Hand, seinen Arm bewegt. Und das alles ist in ganz hohem Maße nicht ohne Ausprobieren und insbesondere nicht ohne Übung denkbar.

Wichtige Begriffe

Die wichtigste Übung für den Anfänger ist tatsächlich das scheinbar absichtslose Spielen mit dem Instrument: das Setzen von Flecken, das Ziehen von Linien und das Anlegen von Flächen. Das jedenfalls sind die angemessenen Begriffe. Also nicht das Gestrichel, das Anstreichen, das Buntmalen (obwohl das, wenn Sie die meisten „Bildchen“ in Glasereien, Kaufhäusern und Kreissparkassen-Filialen ansehen, offenbar die beliebtesten Vorgehensweisen sind).
Um den Unterschied zu erläutern und um zu zeigen, daß das nicht nur ein Spiel mit Worten ist, will ich hier kurz diese wichtigen Begriffe erklären.

Flecken setzen
Flecken sind zuerst einmal unmittelbare Spuren des Pinsels. Sie unterscheiden sich voneinander in Form, Größe, Richtung, auch im Rhythmus und der Geschwindigkeit, mit der sie gesetzt werden. Flecken setzen heißt nicht, zu stupfen, zu tupfen oder ähnliches, sondern mit einer leicht ziehenden Bewegung mehr oder minder große Farbflecken auf das Papier zu bringen. Welchen Sinn hätte schließlich die Anschaffung eines hochwertigen Pinsels, wenn Sie damit bloß herumstupfen. Der einzelne Fleck als solcher muß also bereits (wieder dem einzelnen Ton auf einem Musikinstrument vergleichbar) reizvoll, elegant, verspielt und lebendig sein.

Linien ziehen
Linien sind das wesentliche Gestaltungselement einer grafischen Arbeit. Dementsprechend haben sie an sich wenig mit der Malerei zu tun. Dennoch können sie malerische Qualitäten bekommen: Linienbündel können sich malerisch zu Flächen verdichten, und breitere Linien sind bereits Flecken oder sogar Flächen.
Vor allem schult das linienhafte Arbeiten den Umgang mit dem Pinsel – insbesondere wenn auch der Pinselbauch eingesetzt wird, wenn mit Spitze und Bauch spielerisch und schwungvoll gearbeitet wird. Außerdem lernen Sie besonders gut auf diese Weise die Farbmenge einzuschätzen, die Sie mit dem Pinsel aufnehmen können. Und die dann für einen Strich, für einen Fleck, für einen Farbauftrag zur Verfügung steht.

Flächen anlegen
Eine größere Fläche als die, die man unmittelbar mit dem einmal satt gefüllten Pinsel bedecken kann, wird „angelegt“. Der wesentliche Gesichtspunkt dabei ist die Souveränität des großflächigen, gleichmäßigen Farbauftrages. Und die entsteht nur durch Übung. Ob die Fläche in einem (möglichst) einheitlichen Farbton angelegt wird oder ob sie beispielsweise einen Farbverlauf darstellt, spielt dabei keine Rolle. Wichtig ist, daß dabei kein Gestrichel herauskommt, daß keine Trockenkanten und keine „totgepinselten“ Flächen entstehen. Vielmehr geht es darum, den Pinsel zügig, flott und großzügig zu handhaben.
Zum einen setzt das nichts weiter als einen satten Farbauftrag voraus, das heißt, der Pinsel muß auch bei kleineren Flächen immer gut gefüllt sein. Sparsames, ängstliches und mühevolles Austuschen und ein häufiges Gestrichel mit der Pinselspitze, um schließlich die beabsichtigte Farbdichte zu erreichen, nehmen dem Aquarell jeden Schwung und jede Lebendigkeit. Zum anderen brauchen Sie, auch wenn das eigenartig klingen mag, Sensibilität für das, was der Pinsel mag (darauf komme ich gleich zurück).

Farben in ausreichender Menge vorbereiten

Unabhängig davon, ob Sie Linien oder Flächen anlegen: Sie müssen immer ausreichend viel Farbe vorbereitet haben. Wenn Ihnen nämlich zwischendurch die Farbe ausgeht und Sie im Näpfchen neue anmischen wollen, erhalten Sie mit Sicherheit nicht den gleichen Farbwert wie beim ersten Mal. Die Folge davon sind deutlich sichtbare Farbansätze in der Fläche, die doch ursprünglich einheitlich gestaltet werden sollte.
Um dieses also hier bereits schon einmal generell festzuhalten: Bei der Aquarellmalerei werden die Farben niemals direkt von den Näpfen auf das Papier gesetzt. Vielmehr werden sie in ausreichender Menge mit Wasser vermischt vorbereitet. Am besten wird die Farbe auf einem gesonderten Stück Aquarellpapier ausprobiert. Erst nachdem der Farbton, der Sättigungsgrad und der Tonwert geprüft und die Farbe in einer Vertiefung des Aquarellkastendeckels oder auf einer Palette in ausreichender Menge angemischt wurde, gibt man sie auf das Blatt.

mit einem sattgefüllten Pinsel (der mit dem gesamten Haar-Körper in der wässerigen Farbe praktisch "gebadet" wird)

Flächen gleichmäßig anlegen

Hat man das unten beschriebene Verfahren erst einmal verinnerlicht, braucht man auch vor größeren Flächen nicht zurückzuschrecken. (Es sei denn, ungeeignetes Papier beeinflußt den Farbauftrag negativ.)

Erster Schritt
Bereiten Sie sich, wie gesagt, in einer Vertiefung des Kastendeckels, der Palette oder ähnlichem ausreichend viel Farbe vor. Im Augenblick kommt es nicht darauf an, welche Farbe Sie wählen; entscheiden Sie einfach nach Ihrem Geschmack. Legen Sie aber Wert auf einen bestimmten Farbton, sollten Sie zunächst die erwähnte Aufstreichprobe auf einem gesonderten Blatt machen. Dann warten Sie, denn die Farbe verändert sich beim Auftrocknen. Bei Mischungen kann sich der Farbton ändern, der Sättigungsgrad ändert sich immer: Die Farbe wird heller. Erst jetzt sind Sie mit der Vorbereitung fertig.

Zweiter Schritt
Ihre Malfläche sollte etwas geneigt sein, dann wird der Farbauftrag am gleichmäßigsten. Ein paar untergelegte Bücher reichen aus.

Dritter Schritt
Führen Sie nun den sattgefüllten Pinsel zügig in einer horizontalen, breiten Linie oben über das Papier (mit dem Bauch des Pinsels). Von dieser Linie aus, in der sich die wässerige Farbe – wegen der Neigung – schnell am unteren Rand sammelt, arbeiten Sie allmählich weiter nach unten: Mit der nächsten Linie (genau wie die erste: sattgefüllter Pinsel, Pinselbauch, horizontale, breite Farbspur) gehen Sie in den unteren Rand des ersten Streifens hinein. Die dort gesammelte Farbe wird nun für den zweiten Streifen mitgenutzt, es entsteht kein Absatz zwischen den beiden Linien. Die Farbe sammelt sich jetzt erneut am unteren Rand des letzten Farbauftrags. Legen Sie schließlich so viele Streifen darunter, bis die

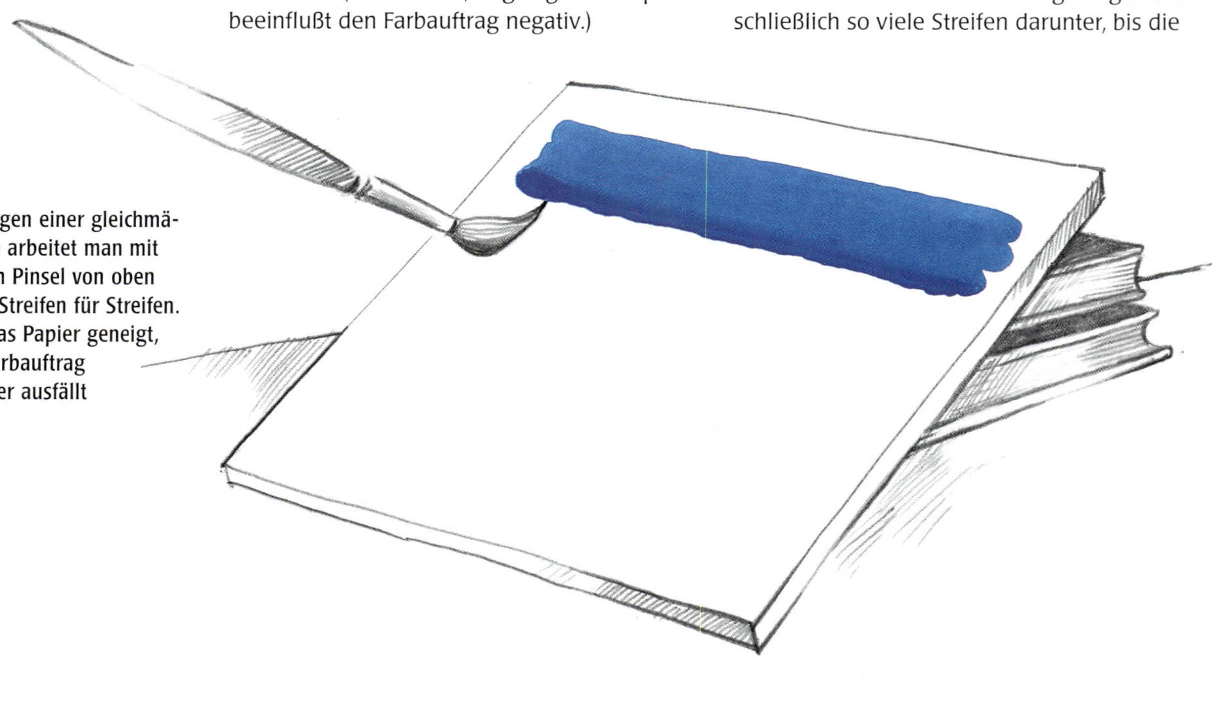

Für das Anlegen einer gleichmäßigen Fläche arbeitet man mit sattgefülltem Pinsel von oben nach unten, Streifen für Streifen. Dazu wird das Papier geneigt, damit der Farbauftrag gleichmäßiger ausfällt

Fläche die gewünschte Größe hat. Vergessen Sie nicht, zwischendurch immer wieder mit dem Pinsel ausreichend viel von der vorbereiteten Farbmischung aufzunehmen.

Vierter Schritt

Auch im letzten Streifen, also im untersten Rand der Farbfläche, sammelt sich wieder die Farbe. Sie wird jetzt nicht mehr gebraucht. Spülen Sie deshalb Ihren Pinsel aus (oder nehmen Sie einen anderen, sauberen, leicht feuchten Pinsel), schlagen Sie ihn aus, oder ziehen Sie ihn über das Schwammtuch, ein Papiertaschentuch oder ähnliches – und „saugen" Sie damit die überschüssige Farbe ab.

Flächen verlaufend anlegen

Mit der soeben beschriebenen Methode können Sie natürlich nicht nur gleichmäßig einfarbige Flächen anlegen, sondern auch Farbverläufe; also Flächen, die zum Beispiel einen Übergang von sehr intensiver zu sehr wässeriger (heller) Farbe erhalten sollen. Dabei nehmen Sie statt der immer gleich intensiven Farbe mit jedem neuen Streifen ein wässeriger werdendes Farbgemisch in den Pinsel. Sie erhalten damit im Prinzip zwar zunächst Abstufungen und keine weichen Verläufe – durch die Neigung der Malfläche läuft die Farbe aber immer wieder so weit in den nächsten Streifen hinunter, daß praktisch der Eindruck weicher Übergänge entsteht. Beachten Sie, daß dadurch aber die unteren Streifen immer etwas mehr Farbe abbekommen, als ursprünglich mit dem erneuten Pinselstrich geplant wurde. Sie müssen die Farbsättigung also rechtzeitig vermindern.

Zur Erinnerung: Manchmal liegt es nicht an Ihnen, sondern am Papier, wenn trotz vielen Übens nur „Murks" dabei herauskommt. Das Beispiel links zeigt das Farbverhalten auf einem billigen Studienaquarellpapier. Bei dieser Qualität ist ein gleichmäßiger Farbauftrag unmöglich

Wollen Sie eine Farbfläche vollkommen gleichmäßig oder mit einem Verlauf anlegen (ganz oben), werden Sie nicht darum herumkommen, sich die Fertigkeit dazu anzueignen. Beides ist durchaus erlernbar. Und auch wenn solche Übungen vielleicht etwas langweilig oder ärgerlich sind, weil Sie nicht gleich Erfolg haben, sollten Sie trotzdem so lange üben, bis Sie mit dem Ergebnis halbwegs zufrieden sind

Pinselübungen für den Anfang

Die folgenden Übungen haben sich bereits in vielen Kursen bewährt, sie können aber auch allein durchgeführt werden. Ganz spielerisch sammeln Sie hier erste Erfahrungen mit dem Verhalten Ihrer Farben, vor allem aber auch mit der Handhabung Ihrer Pinsel.

Verschiedene Pinselsorten erfahren

In meinen Kursen malen die Teilnehmer immer zuallererst ihre Namen weiträumig auf große Aquarellbogen (ca. 50 x 70 cm). Sie lernen sich dabei nicht nur gegenseitig, sondern auch gleich die unterschiedlichen Pinsel kennen, denn Sie tauschen sie untereinander aus. Jeder Teilnehmer sollte also möglichst Schulmalpinsel, Synthetik-, Mixed- und Rotmarderhaarpinsel ausprobiert haben, damit meine Empfehlungen (siehe auch Seite 34) wirklich nachvollzogen werden können. Sie erfahren dann, jeder für sich, daß

- der Schulmalpinsel nicht ausreichend elastisch genug ist,
- der Synthetikhaarpinsel längst nicht genügend Farbe aufnimmt und sie zu schnell an das Papier abgibt,
- der Mixedpinsel keine sonderlich gute Spitze hat,
- der Rotmarderhaarpinsel alle Vorzüge in sich vereint.

Auch wenn Sie alleine üben – probieren Sie Ihr Werkzeug unbedingt auf ähnliche Weise spielerisch aus. Zusätzlich zu der Tatsache, daß Sie später nicht mehr so verkrampft mit ihrem Pinsel umgehen, lernen Sie dabei nämlich noch weitere wichtige Dinge: Der Pinsel hat so etwas wie ein Eigenleben. Sie werden bei den Übungen gemerkt haben, daß er sich gegen bestimmte Verwendungen sträubt, anderen aber problemlos folgt. Sind Sie beispielsweise Rechtshänder und ziehen Sie den Pinsel von links nach rechts, so entstehen heitere, spielerische, elegante Linien und Flekken. Es sind also ziehende Bewegungen, die dem Pinsel „besonders liegen". In der Gegenrichtung sträuben sich ihm im wahrsten Sinne des Wortes die Haare.

Zwei Übungen: Alle Kursteilnehmer schreiben mit verschiedenen Pinselsorten ihre Namen auf einen großen Bogen trockenes (oben) und später auf nasses Papier (links, hier sind nur Ausschnitte abgebildet). Bereits hier lassen sich aquarelltypische Effekte beobachten und beschreiben

Trockenes und nasses Papier

Einen zusätzlichen Sinn macht es, wenn Sie die Übung einmal auf trockenem und dann auf nassem Papier ausführen. Bei meinen Kursen sehen die Ergebnisse etwa so aus wie in der linken Spalte. (Problemlos können Sie ein großes Blatt aber auch allein füllen.) Viele malerische Techniken lassen sich, wie Sie sehen, bereits an solchen Versuchen erklären, vieles vom Reiz des Aquarells spüren.
Noch ein Hinweis zur Übung auf nassem Papier (dazu können Sie übrigens auch preiswertes Ingres-Papier verwenden): Der Bogen muß für diese Übung völlig durchnäßt sein. Wie sich das bewerkstelligen läßt, habe ich bereits im Abschnitt über das Aufspannen von Aquarellpapier beschrieben. Beobachten Sie aber nicht nur die reizvollen Farbverläufe während des Arbeitens selbst (Sie werden Schwierigkeiten mit dem rechtzeitigen Aufhören haben, und schlimmstenfalls wird alles nur noch eine „Farbpampe" sein): Betrachten Sie Ihr Produkt auch eine ganze Weile nach Fertigstellung. Sie werden sehen, daß sich die Farben und die Formen der Verläufe noch lange verändern.
Die vielleicht bedeutendste Erkenntnis aus diesen beiden Übungen ist die, daß bei der Naß-in-Naß-Malerei keine Lasuren entstehen, daß sie nicht entstehen können. Damit wird auch der Stellenwert dieser Maltechnik deutlich: Das Naß-in-Naß-Verfahren schließt einen für die Wirkung der Aquarellmalerei ganz wichtigen Reiz aus.

Spielerisches „ohne Ergebnis"

Doch zurück zu den wichtigen Elementen Fleck, Linie und Fläche, die Sie gerade am Anfang bewußt kennen- und unterscheiden lernen sollen. Es nützt nichts, wenn Sie meine Argumente nur vom Verstand her einsehen; Sie müssen die Dinge wirklich praktisch üben. Sie müssen ganz konkret erfahren, welche Bedeutung der gekonnte, also geübte, gesetzte Fleck und die locker und souverän schwingende Linie für die Qualität eines Bildes haben.

Natürlich kommen bei diesen Übungen keine Kunstwerke heraus, nicht einmal Bilder, die Sie sich an die Wand hängen wollen. Aber darum geht es doch auch nicht. Obwohl ich zugeben muß, daß meine Kursteilnehmer gut mit „abstrakten", ganz reizvollen Postkarten versorgt sind, die sie sich aus solchen Übungsblättern herausschneiden.

Bei diesen oder ähnlichen Übungen ist es also ganz wichtig, daß Sie nicht an das Ergebnis Ihres Tuns denken, daß Sie also nicht doch ein Bild malen wollen. Lassen Sie sich bitte einfach darauf ein, den Pinsel „laufen" zu lassen. Auch wenn Ihnen folgende Empfehlung im Augenblick höchst merkwürdig vorkommen wird: Schließen Sie während des Arbeitens ruhig einmal die Augen, und fühlen Sie ganz bewußt die Bewegungen des Pinsels auf dem Papier.

Weiterführung der ersten Übungen

In Kursen lassen sich übrigens an dieser Stelle eine ganze Reihe von Aufgaben anschließen, die auf den bisher gemachten Erfahrungen aufbauen und sie sinnvoll weiterentwickeln.

Ich habe bereits ausgeführt, daß man durch die oben beschriebenen, scheinbar absichts- und anspruchslosen Übungen eine Fülle von Erkenntnissen vermitteln kann, beispielsweise über die Eigenschaften von Pinseln und ihre Handhabung, über die zufällig benutzten Techniken (Lasur, Verlauf, Naß-in-Naß-Technik) und über deren grundsätzliche Unterschiede. Die folgenden zwei Wege könnten sich anschließen.

Erster Weg: Einbeziehen der Farbgebung

Sie beziehen in einer Folgeübung in die ansonsten recht freie Gestaltung die Farbgebung bewußt mit ein. Sie sehen rechts ein derartiges Bild als Ausschnitt. In fast ausschließlich lasierendem Farbauftrag (das heißt, es ist immer darauf gewartet worden, daß die Farbe getrocknet war, bis ein Fleck über einen anderen gesetzt wurde), bewegen sich blaugrüne Flecken auf ein Zentrum zu. Lediglich einer, ziemlich nah an der Mitte des Bildes, ist rot. (Versuchen Sie für sich zu entscheiden, ob der rote Fleck geschickt plaziert wurde, ob er an einer anderen Stelle stärker wirken würde, ob er größer sein sollte, . . .)

Zweiter Weg: Vom Fleck zur Fläche

Sie verlassen mit der nächsten Übung den unmittelbar als Pinselspur entstandenen Fleck und nähern sich der Fläche. Die Abbildung unten zeigt, was gemeint ist. Dabei sollten die Flächen lediglich aus aneinandergesetzten breiten, linienartigen Flecken hergestellt werden, also im Prinzip wiederum nur aus völlig unaufwendig entstandenen Pinselspuren. Die Aufgabe bestand darin, einen rhythmischen Ausgleich zwischen den unterschiedlich großen Flächen herzustellen. Beide Übungen wurden übrigens wieder von kleinen Gruppen bearbeitet. Bei diesem Bild ergab es sich, daß neben dem Ausgleich der Flächen – unbewußt – auch ein Ausgleich der Farben gesucht wurde. Es wurde eine verhalten komplementäre Farbigkeit gewählt. (Gelb und Violett stehen sich im Farbkreis zwar gegenüber, sie sind hier aber sehr abgeschwächt. Das Gelb ist eher ein Gelbgrün, und das Violett ist trüb und ins Bläuliche gebrochen.) Dieser Kontrast greift den Ausgleich der Formen auf, wiederholt ihn praktisch und unterstreicht ihn damit.

Nicht nur die Pinselspuren an sich, sondern auch die Farbwahl sind hier ein wichtiges Element der Übungen. Oben handelt es sich um fleckhafte Lasuren, unten entstanden kleine Flächen aus breiten Pinselstrichen

Feste Regeln gibt es nicht

Als ich das Bild auf dieser Seite malte, dachte ich in erster Linie an meine Kursteilnehmer. Ich suchte nach Wegen, um ihnen klarzumachen, daß es eine Fülle völlig legitimer Möglichkeiten gäbe, um Farbe auf ein Blatt zu bringen. Gerade Anfänger neigen nämlich dazu, ihre Bilder lediglich „anzustreichen" oder Umrisse mit Farbe auszumalen.
Obwohl es nun aber keine festen Gesetze und Vorschriften dafür gibt, wie man Farbe auf das Blatt bringt, sollte man doch einige Überlegungen mit in die Arbeit einbeziehen, was ich an den Bildern zeigen möchte.
Da der klar gesetzte Farbfleck beim Aquarell, mehr noch als bei anderen Maltechniken, sichtbar bleibt und bleiben soll, entwickeln sich zwangsläufig nachvollziehbare Richtungen, Bewegungen, Beziehungen und so weiter. Es wäre also ziemlich unsinnig, die daraus resultierenden gestalterischen Möglichkeiten nicht bewußt zu nutzen. Erinnern Sie sich, was weiter vorn über die Möglichkeiten der Farbe ausgesagt wurde: Sie dient zum einen der präzisen Bestimmung der abgebildeten Gegenstände selbst, zum anderen hat sie auch bildbezogene Funktionen in bezug auf eine ausgewogene Farbkomposition.
Genauso verhält es sich mit der Pinselspur. Einerseits wirkt der lebendige Farbauftrag auf das Bild als solches, indem er die Fläche rhythmisiert oder harmonisiert (wie bei dem Bild „Hortensien im Garten" auf Seite 35). Zum anderen kann er dazu dienen, die abgebildeten Gegenstände, die Bildinhalte, nachvollziehbarer zu gestalten.
In dem ganz rechts gezeigten Bild wollte ich vor allem den Unterschied zwischen dem Gewachsenen, also den Bäumen, Sträuchern und Wiesen, und den flächigen, kantigen Häuserwänden durch den besonderen Farbauftrag verdeutlichen. Dabei habe ich die Dächer in die Gestaltungsart der Gebäudeflächen mit einbezogen, da sie den Wänden ähnlicher sind als den kontrastierenden Naturformen; und weil es mir um die grundsätzliche Gegenüberstellung von Gebautem und Gewachsenem ging. So unterstützt die Art des Farbauftrages die inhaltliche Aussage des Bildes. So bekommt das Bild durch die Art des Farbauftrages nicht nur einen lebendigen Charakter; viel wichtiger ist, daß dadurch die inhaltliche Aussage unterstützt und verstärkt wird.

Wolf Wrisch
Himmel, Meer und Insel
1986
Um den Spielraum der Möglichkeiten, Farbe aufzutragen, zu verdeutlichen, setzte ich in diesem Bild anstelle der Gegenstände das geschriebene Wort. Dabei bilden die Worte in ihrer Verdichtung Flächen, die etwa den Dingen entsprechen, die sie „aussagen". Sie lassen damit „gegenständliche Assoziationen zwar noch zu, bilden aber keinen erkennbaren Gegenstand mehr ab". (Jost Funke in Wolf Wrisch, Malerei 1986–1990, Drachen-Verlag)

Wolf Wrisch
Colleoli
1989
Gebautes und Gewachsenes stehen sich hier gegenüber, wobei der Art des Farbauftrages eine erhebliche Bedeutung zukommt. Genaueres zu dem Bild steht in der Textspalte ganz links

Sich einen Überblick verschaffen

Sie haben Ihr Material bereits soweit kennengelernt, daß Sie nun gezielter damit umgehen können. Bevor Sie sich aber zum Beispiel an ein Landschaftsaquarell wagen, sollten Sie mehr über die grundlegenden Gestaltungsmöglichkeiten der Aquarellmalerei erfahren; sicherlich haben Sie schon von einigen Techniken gehört.

Die allgemeine Begriffsverwirrung

Von Bezeichnungen ist zu erwarten, daß sie bestimmte Sachverhalte, Dinge, Eigenschaften und so weiter von anderen trennen. Wenn man dagegen Gleiches mit unterschiedlichen Begriffen benennt, zudem keine nachvollziehbaren Grenzen zwischen dem einen und dem anderem zieht und wenn man wiederum Unterschiedliches mit nur einer Bezeichnung charakterisiert, sind all die Worte sinnlos. Sie sagen nichts und alles, sie sind überflüssig. Die gängigen Begriffe wie „Verlauftechnik", „Naß-in-Naß-Technik" und so weiter sind zwar meistens auch denen geläufig, die noch keine praktische Erfahrung mit der Aquarellmalerei gemacht haben. Doch was konkret leisten nun all die Begriffe, die man sonst noch hört oder liest?

Versuch einer Übersicht

Recht eindeutig ist wohl der Begriff „Lasurtechnik". Lasierend aufgetragene Farbe läßt das, was darunter ist, durchscheinen. Ob das der Papiergrund selbst oder eine bereits angelegte Farbfläche ist, spielt dabei keine Rolle. Von einem Bild, das aus solchen durchscheinenden Farbflächen oder -flecken aufgebaut ist, läßt sich sagen, daß es in der Lasurtechnik angelegt ist.

Was bedeutet „Verlauftechnik"? Der Verlauf einer Farbe kann zweierlei sein: das allmähliche „Verschwinden" der Farbe durch Verdünnung oder der weiche Übergang von einer Farbe in die andere. Allgemein wird aber das erste als „Lavierung" bezeichnet, das zweite als Verlauf. (Obwohl der Begriff „Lavierung" damit mehrdeutig wird. Im engeren Sinne verwendet man ihn nämlich seit langem in der Kunstwissenschaft für das nachträgliche Verwässern, das Herausziehen wasserlöslicher oder noch feuchter Pinsel- oder Federstriche.) Damit ergeben sich bereits eine ganze Reihe von Überschneidungen. Aber das begriffliche Durcheinander wird noch größer.

Wie sieht die „Naß-in-Naß-Technik" aus? Die Bezeichnung charakterisiert im Grunde die Herstellungsart. Die nasse Farbe wird in eine bereits nasse Fläche gesetzt. Ob die Fläche nur mit klarem Wasser angefeuchtet ist oder ob es sich dabei um eine nasse Farbfläche handelt, ist ohne Belang.

Im Bemühen, Begriffe zu entwickeln und so zu verwenden, daß sie sehr konkrete, sehr klare Abgrenzungen treffen, läßt sich noch ein derartiges Wortungetüm rechtfertigen: Die „Naß-an-Naß-Technik". Die Wirkung eines „in" die nasse Fläche gesetzten Flecks ist nämlich sehr viel anders, als wenn der gleiche Fleck „an" eine nasse Fläche herangesetzt wird. Obwohl auch hier Verläufe auftreten.

Darüber hinaus gibt es (angeblich) die „Abwaschtechnik". Dabei wird das Papier, nachdem die zuerst angelegte Fläche getrocknet ist, in einem Wasserbad fast völlig abgewaschen. Die Reste sind im feuchten oder getrocknetem Zustand Grundlage für die weitere Gestaltung des Blattes.

Bei der „Auswaschtechnik" werden bestimmte farbige Bildpartien erneut angefeuchtet und mit einem trockenen Pinsel, einem Schwämmchen, mit Saugpapier oder ähnlichem weitgehend wieder entfernt.

Weiterhin kann zwischen „Trockentechniken" und „Naßtechniken" unterschieden werden, obwohl ich Probleme habe, eine Technik, die naturgemäß nur mit relativ viel Wasser auskommt, als „Trockentechnik" zu bezeichnen. Dann werden noch „Zufallstechniken" genannt, was wohl nicht weiter erklärt zu werden braucht, und die „Prima-Technik", die allerdings im Grunde wenig oder jedenfalls nicht nur die Aquarellmalerei betrifft. Der Begriff sagt vielmehr aus, daß „alla prima", also mit einem Mal, bereits endgültige Gestaltungsentscheidungen getroffen werden. Es wird nicht mit einer Untermalung begonnen. Der Fleck bleibt so stehen, wie er angelegt wurde. Das Verfahren ist von Spontaneität und gestalterischem Risiko geprägt.

Der Begriff sagt also eher etwas über den Charakter des künstlerischen Zugriffs aus, als über eine für das Aquarell typische Vorgehensweise; die Prima- oder Alla-Prima-Technik ist ein recht unmittelbar auf den Endzustand des Bildes zielendes Verfahren, das für die Ölmalerei genauso bedeutsam ist wie für die Acryl-, Tempera- oder eben die Aquarellmalerei.

Viele Bezeichnungen – wenig Nutzen

Welchen Nutzen haben nun derartig viele Bezeichnungen, die sowohl den Gestaltungsvorgang, als auch die Materialverwendung oder das Erscheinungsbild des Produkts beschreiben, außerdem viele Überschneidungen aufweisen und demnach keine klaren und nachvollziehbaren Abgrenzungen ermöglichen? Vermutlich recht wenig. Hinzu kommt, daß in der Praxis die unterschiedlichen Techniken ohnehin miteinander kombiniert werden. Deshalb läßt sich meist auch nur ein schwerpunktmäßig angewandtes Verfahren beschreiben.

Drei wesentliche Verfahren

Da aber begriffliche Verabredungen durchaus das Verständnis erleichtern, möchte ich folgenden Vorschlag zur Klärung der Begriffe machen, Sie bitten, sich im Grunde auf nur drei wesentliche Verfahren (ich werde sie noch genauer beschreiben) zu beschränken. Alle anderen Verfahren verdienen nicht den Begriff „Technik". Schließlich wären sonst keine Grenzen zu ziehen – eine Fülle von derartigen Bezeichnungen dürfte, ja müßte sogar erfunden werden: Radiertechnik, Kratztechnik, Schmiertechnik, Heruntergefallen-, Draufgetreten- und Weitergemalt-Technik und so weiter. Ein ziemlich unsinniges Unterfangen. Zudem bringt es gerade am Anfang mehr Nutzen, sich mit dem Wesentlichen auseinanderzusetzen und dort sicherer zu werden, als sich in zuvielen Möglichkeiten zu verzetteln.

Lasurtechnik

Hiermit sind die Verfahren gemeint, bei denen die wesentliche Eigenschaft der lasierend übereinandergeschichteten Farbe erhalten bleibt. Dabei spielt es keine Rolle, ob der spätere Farbauftrag fleckhaft, großflächig, lavierend oder sogar gesprüht erfolgt.

Verlauftechnik

Damit bezeichnet man solche Gestaltungen, bei denen der Verlauf von Farben das Charakteristikum darstellt. Ob die Farbe dabei lediglich verdünnt wird oder ob es sich um Verläufe von einer Farbe in eine andere handelt, soll für die Bezeichnung bedeutungslos bleiben. Weiterhin kann man die Tatsache außer acht lassen, ob der Verlauf sehr weich, also über eine farbverdünnte Zone, oder von einer satt gesetzten Farbe in eine andere erfolgt.

Naß-in-Naß-Technik

Hierbei setzt man die (logischerweise) nasse Farbe in eine bereits nasse Fläche. Ob diese bereits farbig oder bloß naß ist, hat keine Bedeutung für die Zuordnung.

Die drei Abbildungen sollen einen ersten Eindruck davon vermitteln, wie unterschiedlich die drei wesentlichen Techniken auf die beteiligten Farben wirken. Bei der Lasurtechnik (oben) legt man über eine getrocknete Farbe eine weitere Schicht. Die Pinselspuren bleiben deutlich erhalten, im Überlappungsbereich ergeben sich Mischtöne

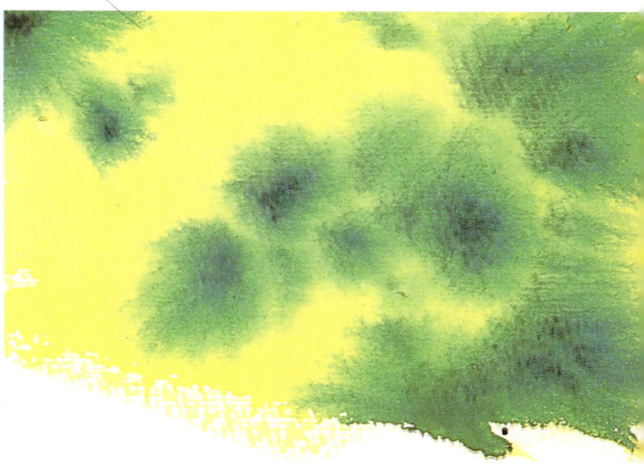

Bei der Naß-in-Naß-Technik verändert die in einen feuchten, farbigen Untergrund getupfte Farbe fast völlig ihren Charakter. Vom Blau ist hier nicht mehr viel zu sehen, es hat sich mit dem Gelb zu Grün vermischt

Bei der Verlauftechnik mit zwei Farben bleiben die beteiligten Töne in ihrer Reinheit in den Außenbereichen erhalten; dazwischen befindet sich jedoch eine mehr oder weniger weiche Übergangszone, in der sich die Farben mischen

Lasurtechnik

Trotz des unterschiedlichen Erscheinungsbildes der hier gezeigten Beispiele für Lasuren, ist das Verfahren als solches immer gleich. Eine Farbfläche muß gut durchgetrocknet sein, bevor eine oder mehrere weiteren Farbflächen darübergelegt werden können. Die neuen Farbschichten dürfen nur so dicht sein, daß alles Darunterliegende noch sichtbar bleibt. Sie müssen außerdem sehr zügig aufgebracht werden, damit sich die untere Farbe nicht wieder auflöst. Das Ergebnis wäre sonst eher eine Mischung feuchter Farben, als daß es eine Lasur darstellen würde.
Die beiden Stilleben unten stellen praktisch die Weiterführung der ersten Übungen dar. Zunächst sind – ähnlich wie bei dem Bild mit den „Glasscheiben" unten links – Flächen lasierend übereinandergelegt. Zwar sind auf den ersten Blick bestimmte Gegenstände abgebildet, mit einem wirklichkeitsnahen Stilleben hat diese Version aber noch recht wenig zu tun. Das zweite Bild zeigt nachvollziehbar eine Zusammenstellung von gläsernen Gegenständen. Vor allem führt es vor Augen (was an dieser Stelle von Bedeutung ist), wie sich die naturgemäß durchsichtigen Gegenstände durch die dahinter stehenden in ihrer Farbigkeit verändern. Die Lasurtechnik wird diesem Phänomen am ehesten gerecht.

Am besten beginnen Sie mit kleinformatigen, fleckhaften Lasuren (oben). Auch die als nächstes abgebildete Übung (links) stellt noch keine hohen Ansprüche. Beachten Sie bitte die klaren Mischfarben, die bei der Überlagerung von zwei Primärfarben entstehen sowie die „Schmuddeltöne", wenn alle drei Farben übereinanderliegen. Bei großflächigen Farbaufträgen (unten) ist es schwieriger, die darunterliegende Farbe nicht anzulösen

Die stark verkleinerte Übung rechts ist ein recht gut gelungenes Beispiel, die Mischungen sind klar ausgefallen. Interessant ist auch die Intensitätsverdoppelung in der gelben „Glasscheibe" links. Die Aufgabe lautete: Glasscheiben in den Primärfarben überlagern sich

Stilleben in zwei Varianten. Beidesmal ist die Lasurtechnik ausschlaggebend für die Wirkung: Die transparenten Farben werden schichtweise übereinandergelegt, wobei man darauf achten muß, daß die untere Farbe bereits getrocknet ist

Kurt Froese
Toskanische Landschaft
1989
Der Reiz vieler Aquarelle erschließt sich insbesondere dann, wenn man die Bilder von nahem betrachtet. Die zart, leicht und spielerisch gesetzten Flecken machen die „Toskanische Landschaft" nicht nur zu einem gelungenen Aquarell, sondern geben auch etwas von der Stimmung des Künstlers vor dieser Landschaft, sogar vom Ausdruck der Landschaft selbst wieder

Verlauftechnik

Der Reiz eines Aquarells wird oft mit Begriffen beschrieben, die unmittelbar mit den Wirkungen der Verlauftechnik zusammenhängen. So wie sich Heiterkeit und handschriftliche Leichtigkeit am ehesten mit der fleckhaften Lasur in Verbindung bringen lassen, ist es hier vor allem der ausgesprochen lebendige, rhythmisierende und modellierende Farbauftrag. Außerdem ermöglicht die Verlauftechnik malerische und weiche Übergänge und Verbindungen.
Wenn Sie sich die Abbildungen in diesem Buch anschauen, werden Sie dieser Technik immer wieder begegnen. Zwar sind die Bilder meist nicht ausschließlich mit verlaufenden Farbaufträgen gestaltet, aber sehr oft ist wenigstens die erste Farbschicht in der Verlauftechnik angelegt.
Um gleichmäßige Verläufe herzustellen, ist viel Übung erforderlich. In komplexeren und anspruchsvolleren Bildern ist es kaum möglich, so etwas zu erlernen. In meinen Seminaren gebe ich aus diesem Grund Aufgaben, die schrittweise an dieses Verfahren heranführen. Das erste Beispiel oben zeigt einen wässerigen Verlauf nur einer Farbe; bei den übrigen dreien ergeben sich Verläufe von einer Farbe in eine andere. Dabei spielt es keine Rolle, ob der Verlauf eine farblich verdünnte Zone aufweist oder ob die intensiven Farben unmittelbar aneinanderstoßen. Wird zuviel Farbe zusammengebracht, können Übergänge zur Naß-in-Naß-Technik entstehen.

Links oben: Ausgehend von einem einzigen Farbton wurde ein Verlauf angelegt, der durch Zusatz von Wasser immer heller wird – ein weicher Übergang von Dunkel nach Hell entsteht

Rechts oben: Hier sind zwei Farben beteiligt. Sie treffen und mischen sich in einer leicht aufgehellten Zwischenzone

Bei diesem Versuch stoßen die beteiligten Farben unmittelbar aneinander

Ist zuviel Farbe im Spiel, können leicht solche Naß-in-Naß-Effekte entstehen

Für die Übung unten sollte jede einzelne Fläche verlaufend angelegt werden. Die Farben benachbarter Kristalle sollten sich darüber hinaus gegenseitig beeinflussen, das heißt in diesem Fall beispielsweise, daß grüne Reflexe auf einigen blauen Formen erscheinen. Anfangs fällt es noch schwer, gleichmäßige Verläufe herzustellen; spätestens nach einer solchen Aufgabe ist man dann aber schon einen großen Schritt weiter. Im übrigen werden Sie dabei feststellen, daß die Farben unterschiedlich gut verlaufen. Zwar können Sie in der Praxis die Verwendung von Farben, die ungleichmäßig verlaufen, nicht unbedingt vermeiden – wenn Sie einen bestimmten Farbton brauchen, müssen Sie ihn wohl trotzdem verwenden. Aber Sie können das Risiko dann angemessener kalkulieren.

Das Thema dieser Übung zum Erlernen der Verlauftechnik lautete „kristalline Formen“

Zwar tauchen auch bei den hier gezeigten Bildern Elemente der Naß-in-Naß-Technik auf, im wesentlichen zeigen die Beispiele aber die Anwendungsmöglichkeiten der Verlauftechnik in wirklichkeitsnahen Bildern. Das obere ist ein sogenanntes „monochromes“ (also einfarbiges) Aquarell. Allein die Farbverläufe lassen die Blätter sehr lebendig erscheinen und ermöglichen ein reizvolles Spiel von Hell und Dunkel

Zweifellos kommt das „Herbstlaub“ im unteren, mehrfarbigen Bild angemessener zur Geltung. Die Maltechnik dient in ihrer weich modulierten Farbigkeit der Ausdrucksqualität des Bildes

Schon mehrfach habe ich bereits auf die unterschiedliche Bedeutung der Gestaltungselemente (zum Beispiel Farbe) und der Vorgehensweisen (zum Beispiel Farbauftrag) hingewiesen. Auch für die Maltechnik, für das Verhalten der Farben auf dem Papier, gibt es ganz unterschiedliche Bedeutungszuweisungen. Die beiden Abbildungen links zum Beispiel zeigen, wie die Bildaussage durch die verwendete Maltechnik verstärkt wird. Sie diente also dazu, dem Gemalten größere Realitätsnähe zu verleihen.
Bei der Abbildung unten war die Realität lediglich der grobe Bildanlaß. Das Bild selbst wurde relativ frei von der Verpflichtung, die Bäume exakt wiederzugeben, gestaltet. Vielmehr war ich daran interessiert, durch zahlreiche schmale, gleichgerichtete Verlaufsflächen einen Rhythmus zu schaffen. Die exakte Wiedergabe einzelner Bäume mit Ästen und Blattwerk war in diesem Fall also nicht mein Ziel.

Wolf Wrisch
Bäume
1985
Die Verlauftechnik dient hier vor allem der Rhythmisierung der Fläche. Die Verläufe haben demnach weniger inhalts- als bildbezogene Bedeutung

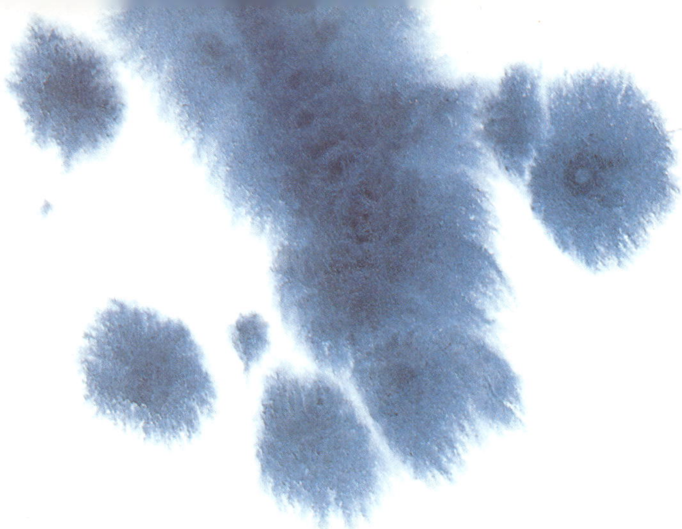

Naß-in-Naß-Technik

Die Naß-in-Naß-Technik hat ihren besonderen Reiz in den Farbverläufen und -verdrängungen, die, wenigstens anfangs, zufällig entstehen, wenn Farben in nasse farbige oder einfach nur wässerige Flächen gesetzt werden. Je länger Sie spielerisch die Wirkungen erproben, um so besser lernen Sie die Zufälligkeiten zu beherrschen. Jedenfalls weitgehend. Es wird nämlich immer wieder passieren, daß völlig ungeahnte und ungewollte Dinge passieren. Der freie Umgang mit der Technik setzt voraus, daß Sie sich nicht allzusehr einmischen. Versuchen Sie sich unbedingt zurückzuhalten! Die ohne allzuviele Einmischung entstandenen Dinge sind meist die schönsten.

Für die Definition der Naß-in-Naß-Technik ist es übrigens belanglos, ob die (logischerweise) nasse Farbe in eine bloß wässerige Nässe (also auf das nasse Papier) oder in eine andere Farbe gebracht wird. In jedem Fall handelt es sich nicht um ein Verlaufen an einer gemeinsamen Grenze, sondern um einen Verdrängungsvorgang. Er hat sehr unterschiedliche Wirkungen auf die verwendeten Farben. Sie sind kaum vorhersehbar und machen die Ergebnisse weitgehend zu Zufallsprodukten.

Oben wurde blaue Farbe in eine nasse Fläche getupft. Das Wasser wird verdrängt; die Farbe wirkt auf dem weißen Untergrund noch recht intensiv

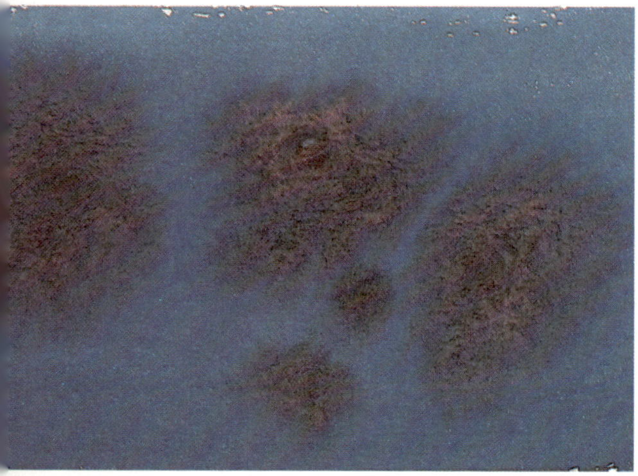

Anders verhielten sich die Farben bei den folgenden zwei Proben. So verlor beispielsweise das Krapplack dunkel, das ins Ultramarinblau gekleckst wurde, seinen typischen Farbton und seine Intensität. Umgekehrt verliert auch Ultramarinblau seinen Charakter; es entstand hier ein dumpfes, schweres Violett, das allerdings das Rot um so leuchtender macht

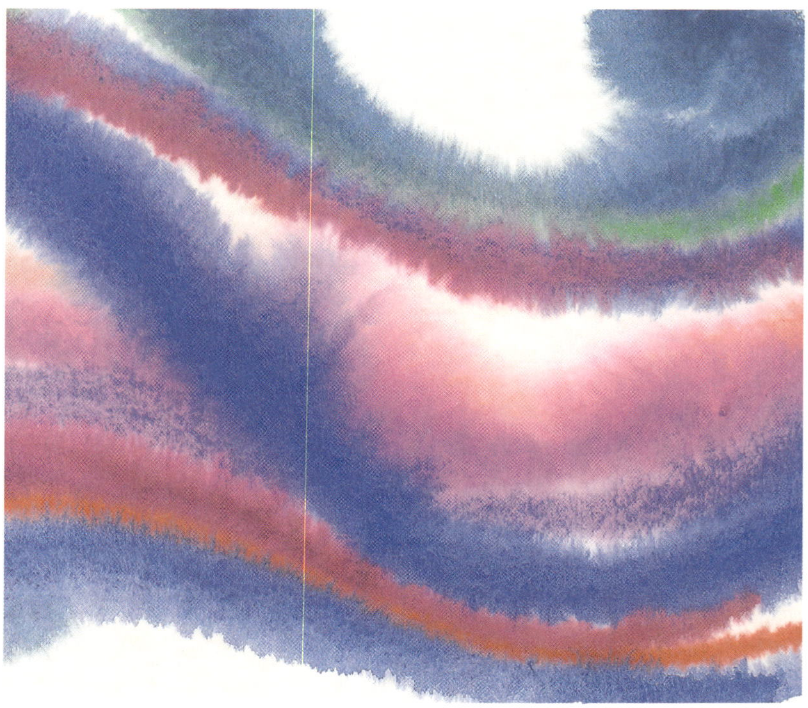

„Farbige Bänder" – eine Übung für das erste Kennenlernen der Naß-in-Naß-Technik

Eine der ersten Aufgaben, die ich meinen Kursteilnehmern in diesem Zusammenhang stelle, ist vom Aufwand her sehr anspruchslos: „Schwingende Farbbänder". Die Abbildung links unten macht deutlich, daß auch derartig spielerische Übungen zu recht reizvollen Ergebnissen führen.
Später können Sie sich an thematisch konkrete Aufgaben wagen. Die Landschaftsstudien rechts zeigen die Breite der Möglichkeiten, aber auch die Neugier der Malerin, ihr Überraschtsein, ihre sinnliche Lust am Umgang mit dem Material.

Wenn man ein Gespür für die Verlaufeigenschaften der Farben bekommen hat, kann man zum Beispiel versuchen, Landschaften entstehen zu lassen.

Laien halten die Naß-in-Naß-Technik oft für das wesentliche Verfahren beim Aquarellieren. Zweifellos besitzt sie auch sehr eigenartige Reize, die anders praktisch nicht erreicht werden können. Für die Gestaltung konkreter Situationen, also etwa Stilleben oder Landschaften, reichen ihre Ausdrucksmöglichkeiten aber oft nicht aus. Differenzierte Formen und klare, harte Konturen sind damit beispielsweise nicht darzustellen. Dementsprechend werden Sie auch bei solchen Aquarellen, die auf den ersten Blick wie reine Naß-in-Naß-Arbeiten aussehen, feststellen, daß

Jelena Reinert
Landschaft
1988
Der Reiz von Bildern, die weitgehend in der Naß-in-Naß-Technik gestaltet sind, liegt in erster Linie in ihrer Offenheit. Sie ermöglichen einen weiten Spielraum für persönliche Interpretationen. Die Farben und ihre unmittelbaren Wirkungen stehen im Vordergrund. In diesem Bild lassen der Spannungsbogen von kühlen Blautönen bis zum Orange im Vordergrund, die baumartigen Strukturen in der oberen Bildmitte und die horizontalen Lagerungen eine Vielfalt persönlicher Erklärungen und Einschätzungen zu

zusätzlich Kanten betont, klare Akzente gesetzt und Bildpartien trocken ausgespart wurden, an denen dann naturgemäß harte Begrenzungen entstehen. Wohl gemerkt, derartige Dinge sind offenbar dann erforderlich, wenn es um die adäquate Darstellung von Realsituationen geht, nicht wenn eher stimmungs- oder gefühlsmäßige Dinge zum Ausdruck kommen sollen, wenn es um gegenstandslose Gestaltungen geht oder wenn die Gegenstände nur noch Ausgangspunkt und Anlaß für völlig andere, darüber hinausgehende Bildideen sind.

Bitte beachten Sie, daß Naß-in-Naß-Aquarelle im feuchten Zustand meist viel reizvoller, farbiger und frischer aussehen als in trockenem. Sie dürfen – sollten sogar – etwas vitaler und kräftiger beginnen

Wolf Wrisch
Landschaft
1984
Das hier gezeigte Aquarell soll kein genau benennbares und wiederfindbares Stück der Natur darstellen, sondern, viel allgemeiner, den Reiz einer wolkenverhangenen norddeutschen Landschaft, ihre Weite und ihre verhaltene Farbigkeit sinnlich nachvollziehbar machen. Die kompromißhafte Betonung der Kanten entspricht dem Bedürfnis, einerseits einige Bildgegenstände zu klären, andererseits formale Spannung zu schaffen zwischen den weichen Übergängen und Verläufen sowie den harten Begrenzungen

Die Granuliertechnik setzt die Verwendung von Aquarellpapieren mit besonders groben Oberflächenstrukturen voraus. Für die kleine Probe oben ist ein Papier mit der Bezeichnung „extra rauh" verwendet worden, rechts ein Torchon-Papier. Glattes Papier würde nicht zu der gewünschten Wirkung führen. Wichtig bei diesem Verfahren: Der Pinsel darf nicht zu satt gefüllt sein, er sollte flach und sehr zügig über das Papier geführt werden

Das Landschaftsaquarell unten zeigt die Möglichkeiten und auch die Grenzen des granulierenden Farbauftrages. Die leicht bewegte Wasseroberfläche (mit hellen Reflexen), die borkigen Baumstämme und das Laub der Bäume im Vordergrund lassen sich damit so gestalten, daß sie in hohem Maße sinnlich nachvollziehbar sind. Für die Gestaltung der Bäume im Hintergrund und für den Himmel wäre die kleinteilige Fleckhaftigkeit allerdings wenig angemessen. Zum einen entspräche das nicht unserer Wahrnehmung, denn in der Entfernung ist die Differenziertheit der Formen nicht mehr zu erkennen, und der Himmel zeigt eher weiche Farbverläufe. Zum anderen hätte das Bild dann wenig formale Spannung

Als Ergänzung: Granulieren

Ich habe weiter vorn geschrieben, daß lediglich die drei zuvor beschriebenen Verfahren als Aquarelltechniken im eigentlichen Sinne zu bezeichnen sind, da sie am ehesten die typischen Qualitäten der Farbe und ihre gestalterischen Möglichkeiten ausschöpfen. Trotzdem will ich noch die „Granuliertechnik" erwähnen. Nur meine ich, daß der Begriff „Technik" eigentlich nicht angemessen ist: Der sinnvolle Einsatz dieses Verfahrens ist doch eher begrenzt. Zumindest für Bilder, die sich an der Realität orientieren, dürfte es fragwürdig sein, die Farbe ausschließlich granulierend aufzutragen. Um aber besser die Eigenschaften grober Oberflächen, um flirrende Spiegelungen, um Massen kleinteiliger Objekte und so weiter angemessen darzustellen, sollte das Granulieren jedoch unbedingt genutzt werden. Schließlich – darauf komme ich noch zurück – leben Bilder weitgehend von Kontrasten und von Spannungen. Durch die unterschiedlichen Möglichkeiten des Farbauftrages werden Sie nicht nur den besonderen Eigenschaften, den sinnlichen Qualitäten der abgebildeten Gegenstände gerecht, sondern Sie vergrößern auch die gestalterische Spannung Ihrer Bilder in formaler Hinsicht.

Dieses zweite Landschaftsbild zeigt einen deutlich souveränen Umgang mit der Technik. Die sparsame Verwendung des granulierenden Farbauftrages hat, insbesondere hier im Kontrast zu den weichen Verläufen, eine weit überzeugendere Wirkung als das etwas „gehäkelt" erscheinende Bild links

Dem Material gerecht werden

Ich möchte dieses Kapitel noch durch einige grundsätzliche Bemerkungen zur Bedeutung der unterschiedlichen Techniken und Verfahren ergänzen. Die Fülle der Techniken, vor allem der Misch- und Sondertechniken, der Tricks und Kniffe, wirkt auf den Anfänger meist irritierend. Aber sie weckt auch – zu Recht oder zu Unrecht, darauf komme ich später noch zurück – Hoffnungen. Prinzipiell läßt sich feststellen, daß jedes dieser Verfahren natürlich seine Berechtigung hat. Zwar sind die gestalterischen Möglichkeiten bei der einen Technik größer als bei der anderen – bis auf diese, eher quantitative Feststellung sind sie aber objektiv gleichwertig.

Allerdings sollten Techniken und Material immer in einem sinnvollen Verhältnis zueinander stehen. Das bedeutet beispielsweise, daß mit Aquarellfarben durchaus auch deckend gearbeitet werden kann und daß gegen die Technik des deckenden Farbauftrages auch nichts einzuwenden ist. Nur ist es doch recht unsinnig, so mit diesen Farben umzugehen, da dadurch ihre besonderen Möglichkeiten nicht sichtbar oder gar nicht erst angewendet werden.

Alle weiteren Einschätzungen der unterschiedlichen Maltechniken überhaupt sind völlig subjektiv! Die Entscheidung dafür ist in erster Linie eine Folge von persönlichen Vorlieben für ganz bestimmte Eigenschaften, Möglichkeiten, Herausforderungen und so weiter. Auch die Favorisierung der entsprechenden Arbeitsabläufe und der Umgang mit dem jeweiligen Material prägen eine solche Wahl. So sollte sich das Aquarell vom weißen Malgrund, vom hellsten zum dunkelsten Ton, in seiner deutlichsten Ausprägung in lasierenden Schichten aufbauen. Dagegen entwickelt sich beispielsweise das Ölbild aus der Dunkelheit heraus ins Helle, das bis zum – aufgesetzten – reinen Weiß gehen kann. Beim Aquarell dagegen läßt man das Weiß des Papiers als hellsten Ton stehen. Diesen unterschiedlichen Vorgehensweisen muß man entsprechen, um die besonderen Möglichkeiten der gewählten Farbe auszuschöpfen. Sie müssen zum Beispiel beim lasierenden Aquarellieren auch bereit und in der Lage sein, zu warten, bis die erste Schicht wirklich durchgetrocknet ist. Wenn Sie das noch nicht erfahren haben, können Sie sich gar nicht vorstellen, wie wichtig die Voraussetzung des Wartenkönnens wirklich ist. (Andernfalls produzieren Sie ständig nur irgendein „matschiges Farbgeschmuddel", aber kein – wie immer wieder gesagt und geschrieben wird – „leichtes, heiteres, leuchtendes, . . ." Aquarell.)

Ohne Zweifel wirken Bilder, die ausschließlich oder schwerpunktmäßig unter Verwendung nur einer Aquarelltechnik entstanden sind, sehr reizvoll. Da jede Maltechnik aber ihre besonderen Möglichkeiten und Grenzen hat, wird man auf diese Weise nicht immer allen darzustellenden Bildgegenständen gerecht. So lassen sich beispielsweise deutlich begrenzte oder stark differenzierte Dinge schlecht in der Naß-in-Naß-Technik, dagegen entfernte Baumgruppen im Nebel kaum mit lasierendem Farbauftrag angemessen darstellen. Sie werden demnach vermutlich meistens alle oder doch mehrere Techniken zusammen in einem Bild anwenden, wie auch das Beispiel rechts zeigt.

Der erste Farbauftrag wurde naß in naß und verlaufend angelegt. Das entstandene Ineinanderlaufen der Farben in der Bildmitte erinnert durchaus an wuchernde Wiesen. Bei diesem ersten Schritt wurde nicht die ganze Fläche mit Farbe bedeckt, vielmehr blieb Weiß in horizontalen Streifen stehen. Die Farbe wurde dabei so zügig auf das Blatt gebracht, daß die Begrenzungen dieser weißen Felder Eigenschaften des granulierenden Farbauftrags haben. Diese aufbrechenden, ausgefransten Ränder vermitteln den Eindruck spiegelnder Wasserflächen und bilden einen reizvollen Kontrast zu den weichen Verläufen. Nachdem das Papier wieder getrocknet war, wurden fleckhaft lasierend horizontale Lagerungen, dazu der große Baum im Bildmittelgrund und die Vegetation im Vordergrund angelegt.

Renate Meyer
Wümmewiesen
1988
Die Malerin hat gleich mehrere Techniken in diesem Bild angewandt, um dem Bildgegenstand gerecht zu werden. Einzelheiten stehen im Text links

Landschaften malen – in angemessenen Techniken

Erfahrungsgemäß besteht bei vielen, die sich mit der Aquarellmalerei befassen, das Interesse, irgendwann einmal Landschaftsbilder zu malen. Alle Attribute, die dem Aquarell zugeschrieben werden – daß es beispielsweise luftig, schwerelos und lebendig ist, daß es frisch, klar und natürlich erscheint und daß es sich dabei schließlich um die schnellste, freizügigste und ausdrucksstärkste Maltechnik handelt – begründen diese Themenwahl.

Vom Umgang mit hohen Erwartungen

Zwar will ich die Bedeutung der Aquarellmalerei in keiner Weise in Abrede stellen, meine aber, daß derart große Worte eher Angst als Mut machen. Wenn man nämlich die Ergebnisse mancher gestalterischen Auseinandersetzung mit einer Landschaft sieht, erscheint das Mißverhältnis zwischen dem dürftigen Ergebnis und den großen Worten allzu deutlich. Ich will auch nicht bezweifeln, daß es vermutlich keine zweite Maltechnik gibt, die die Landschaft in allen ihren Qualitäten so unmittelbar darstellen kann wie die Aquarellmalerei. Nur möchte ich verhindern, daß Sie so schrecklich hohe Anforderungen an Ihre (vor allem: ersten!) Bilder stellen.

Wenn Sie es schon einmal probiert haben, wissen Sie, wie schwierig es ist, vor und nach der Natur zu malen. Was da alles auf Sie einströmt! Die Weite, das Licht, die Reflexe, die Schatten, die vielen Grüntöne, die Tiefe, Strukturen und Formen, . . .

Außerdem wird all dies nicht lediglich mit den Augen wahrgenommen: Wir riechen, hören und fühlen noch viel mehr, was dann – bewußt oder unbewußt – mit ins Bild drängt, uns jedenfalls erheblich beeinflußt (deswegen sind Bilder nach Foto- und Postkartenvorlagen auch meist so kümmerliche und ausdruckslose Produkte). Und wie soll das alles umgesetzt werden? Viele Entscheidungen müssen wir treffen: zum Format (hoch oder quer, die Größe des Papiers), zum Ausschnitt, zum Blickwinkel, zum Standort. Zu welcher kompositionellen Gliederung veranlaßt mich die Landschaft, die ich gerade malen will? Was sollte man betonen? Welche Farben sind zu wählen? . . .

Vom Planen und Üben

Möglicherweise sind Sie der Auffassung, daß über die zuletzt genannten Fragen nicht nachgedacht werden muß, daß solche Entscheidungen eher unbewußt getroffen werden. Über diesen Punkt werden tatsächlich auch sehr heftige Auseinandersetzungen geführt. Allerdings findet sich auch sehr einfach ein recht plausibler Standpunkt: Wenn Sie nämlich in der Lage sind, ohne solche Planungen, Überlegungen und Vorübungen befriedigende oder sogar bedeutende Kunstwerke zu schaffen, brauchen Sie sicherlich nichts dergleichen. Wenn es dagegen mit den Werken nicht so geklappt hat, schadet die Vorarbeit ganz bestimmt nicht. Denn man kann sagen, daß sich planerische Sorgfalt und Spontaneität nicht ausschließen!

Wie können Sie sich also darauf vorbereiten, in der Landschaft nicht von der Fülle der sinnlichen Erfahrungen einerseits und von der Komplexität der gestalterischen Aufgaben andererseits „erschlagen" zu werden? Ein relativ sicherer, wenn auch durchaus nicht unwidersprochener Weg ist der folgende: Sie verzichten anfangs auf die Arbeit im Freien und üben zunächst zu Hause wesentliche Elemente eines typischen Landschaftsbildes, also Bildausschnitt, Komposition, das Zusammenspiel der Farben, und vor allem üben Sie die unterschiedlichen Aquarelltechniken, so wie sie jeweils, dem Bildgegenstand angemessen, verwendet werden können.

Später werde ich darstellen, warum ein Bild nicht bloß nachgemachte Wirklichkeit ist, sondern eine Art Übersetzung – und wie sich reizvollere Bilder gerade durch Veränderung von Farbe, Komposition und so weiter malen lassen. Jetzt aber soll es erst einmal um ein schlichtes, handwerklich ordentliches Landschaftsaquarell gehen.

Der Himmel

und die Bäume im Mittelgrund werden i.w. mit Hilfe der Verlauftechnik gestaltet

Langweilige und ausdruckslose Festlegung der Horizontlinie in der Mitte des Bildes

fleckhafte Lasur im Vordergrund

ungeschickter Anschnitt (etwas mehr oder gar kein Laub wäre besser gewesen)

Bäume im Hintergrund: naß in naß

hier wurde der Verlauf zu wässerig angelegt, deshalb „franst" die Farbfläche aus

das Blau des Himmels taucht als kühle Schattenfarbe wieder auf – auch wegen des besseren farblichen Zusammenhangs

Wenn Sie solche Strukturen anlegen, denken Sie an Rhythmisierung, nicht an konkrete Grasbüschel

Die Fotos zeigen sehr deutlich das, was auch unmittelbar für ein Aquarellbild nachvollziehbar ist, um die Illusion von Tiefe zu erzeugen. Die untere Aufnahme, die auf La Palma gemacht wurde, zeigt eine starke Verblauung der drei sichtbaren Tiefenebenen. Da die Insel aber überall aus dem gleichen Lavagestein besteht, kann die Verblauung nichts mit den tatsächlichen Farben der Landschaft zu tun haben – sie hängt statt dessen von der Entfernung zum Betrachter ab. Das rechte Bild (von derselben Insel) zeigt ein Waldstück, durch das Wolken ziehen. Den dadurch entstehenden Eindruck großer Tiefe kann man unmittelbar – und sehr aquarellhaft – in einem Bild umsetzen

Illusion von Bildtiefe

Auch wenn ich, selbstverständlich ebenso in bezug auf ein wirklichkeitsnahes Bild, der Auffassung bin, daß es sich dabei immer um eine Übersetzung handelt, die nie genau Wort für Wort erfolgt (oder hier: Gegenstand für Gegenstand), gibt es doch eine ganze Reihe von Gestaltungsprinzipien, die sich unmittelbar aus der Natur- und Landschaftserfahrung ableiten lassen. Ein ganz wesentlicher Punkt ist die Wirkung der Tiefe (einer Landschaft oder eines entsprechenden Bildes).

Ein Blick in die Natur

Daß die Gestaltungsprinzipien nicht aus der Luft gegriffen sind, sondern Naturphänomene darstellen, zeigen die beiden Fotos auf dieser Seite. Demnach wird Tiefe sinnlich erfahrbar durch:

1. Verblauung des Hintergrundes
2. geringere Sättigung der Farben im Hintergrund
3. zunehmende Differenzierung der Formen zum Vordergrund hin
4. höhere Farb- und Hell-Dunkel-Kontraste im Vordergrund

Der Himmel

Beginnen Sie zunächst mit Übungen für den Himmel. Entweder verwässern Sie einfach das von Ihnen gewählte Blau des Himmels zum Horizont hin (Sie entsinnen sich, das geschieht mit Hilfe der Verlauftechnik), oder Sie legen – auch das entspricht unserer sinnlichen Erfahrung – einen anderen zarten Ton direkt an die Horizontlinie, den Sie diesmal nach oben verwässernd weich verlaufen lassen. Probieren Sie die Wirkung unterschiedlicher Farben und Farbkombinationen aus. Zwar sind deren Interpretationen immer auch subjektiv, dennoch lassen sich vielleicht typische Stimmungen feststellen. Auf mich wirkt beispielsweise das Bild mit dem gelblichen Horizontbereich wie die Darstellung eines Sommerhimmels, das mit dem zarten Rot eher wie ein Winterhimmel.

Die Verlauftechnik

Ein positiver Nebeneffekt solcher Übungen ist, daß Sie dabei immer wieder die Verlauftechnik einüben. Am Anfang werden die Ergebnisse meist ziemlich streifig aussehen, weil manchmal zuviel und manchmal zuwenig

Farbe beziehungsweise Wasser im Pinsel war. Probieren Sie aber die darauf basierenden Wirkungen auch ganz bewußt aus, um entsprechend dramatischere Himmel mit mehreren Farbnuancen zu gestalten.
Ohne daß sich in diesen Landschaften viel ereignen muß, läßt sich durch die Anwendung des bereits Erlernten der Eindruck von Raum und Tiefe erwecken. Das ist dann übrigens auch der Maßstab dafür, ob Ihnen die Übung gelungen ist. Sie können nämlich ohne weiteres selbst beurteilen, ob das Bild Tiefe hat oder nicht. Nur – wie schon erwähnt – müssen Sie die Lernschritte alle praktisch nachvollziehen! Glauben Sie nicht, daß Sie malen lernen, wenn Sie sich diese kleinen Bildchen nur ansehen oder wenn Sie den Text lesen. Ohne eigene Erfahrungen geht es nicht. Und wenn Sie feststellen, daß Sie mit dem einen oder anderen Ergebnis Ihrer Bemühungen nicht zufrieden sind, bewerten Sie das bitte nicht allzu kritisch – probieren Sie die Übung lieber einfach noch einmal.

Claude Lorrain
Blick auf den Tiber vom Monte Mario
um 1640
Das monochrome (also einfarbige) Aquarell zeigt durch die zunehmende Sättigung der Farbe und die starken Hell-Dunkel-Kontraste im Vordergrund eine deutliche Tiefengliederung. Auch wenn die Wirkung nur von einer einzigen Farbe erzielt wird, ist sie doch so intensiv, daß man die Tiefe der Landschaft unmittelbar und sinnlich zu fühlen glaubt

Schon einfache Farbverläufe (oben dunkel, unten hell) lassen den Eindruck eines Himmels über einer weit entfernten Horizontlinie entstehen. Mit Naß-in-Naß-Effekten wird alles dramatischer

Bäume im Landschaftsbild

Normalerweise malen wir keine Wüstenlandschaften – so wirken allerdings die Übungen auf der vorigen Seite. Vielmehr wollen wir uns an einer nachvollziehbaren Landschaft orientieren. Ein wesentliches Element eines derartigen Bildes dürften Bäume sein – im Hintergrund, Mittelgrund und im Vordergrund. Jede dieser Tiefenebenen erfordert, auch wenn jeweils die gleichen Dinge abgebildet werden, eine unterschiedliche gestalterische Vorgehensweise.

Bäume im Vordergrund (untere Reihe) verlangen eine Malweise, die mehr Einzelheiten erkennen läßt als Bäume im Hintergrund (oberes Bild)

Hintergrund

Ein Baum im Hintergrund ist oft in seiner Gesamtform kaum zu erkennen, erst recht sind – wegen der Entfernung zum Betrachter oder eben zum Maler – Details nicht mehr deutlich wahrzunehmen. Die Farbe weist nur eine geringe Sättigung auf. Sie erinnern sich, was dazu in den Abschnitten über Farben beziehungsweise Aquarellfarben geschrieben steht: Die Farbsättigung vermindert sich durch Hinzufügen der jeweiligen Komplementärfarbe.

Um diese Situation zu gestalten, läßt sich mit der Naß-in-Naß-Technik eine einfache, spielerische Lösung finden. Setzen Sie ein paar Farbflecken in den unteren Rand einer feuchten Fläche. Diese breiten sich in die Feuchtigkeit hinein aus und ergeben, gegebenenfalls zusammen mit einigen Tupfern Farbe etwas weiter oben (mit denen sie dann zusammenfließen), die Illusion von entfernten Busch- oder Baumgruppen.

Nach ein paar solchen spielerischen Übungen sollten Sie versuchen, zunächst mit der Verlauftechnik einen Himmel anzulegen, um dann naß in naß solche Baumgruppen in den Hintergrund zu setzen (linkes Beispiel). Wenn im übrigen abzusehen ist, daß das Ergebnis zu gleichmäßig und uninteressant wird, können Sie – wiederum in die noch feuchten Bäume oder Baumgruppen – klares Wasser oder einen anderen Ton tupfen; die erste Farbe wird dadurch verdrängt, und neue Strukturen entstehen.

Vordergrund

Ein Baum im Vordergrund dagegen muß – entsprechend den Regeln für die Tiefengestaltung in einem Bild – mit hoher Farbsättigung und stark differenziert, also mit vielen Details angelegt werden. Diese Bedingungen lassen sich entweder in fleckhafter Lasur oder granulierend erfüllen. Die drei Beispiele zeigen, wie verschieden die Techniken eingesetzt werden können.

Mittelgrund

Ein Baum im Mittelgrund steht auch gestalterisch zwischen den anderen beiden Varianten. Er darf nicht allzu differenziert sein, sollte aber keinesfalls wie eine völlig geschlossene Masse aussehen. Um diese Aufgabe zu lösen, bietet sich die Verlauftechnik an, mit der malerisch reizvolle, zum Beispiel rhythmisierende Gestaltungen (indem die Dunkelheiten immer auf der gleichen Seite angelegt werden) möglich sind.

Bei Bäumen im Mittelgrund kann man eine grobe Gliederung erkennen; weitere Einzelheiten werden aber aufgrund der Entfernung nicht sichtbar

Tiefenebenen

Die Tatsache, daß bei einer Vielzahl von Bilder nicht immer alle drei klassischen Tiefenebenen Vordergrund, Mittelgrund und Hintergrund vorhanden sind, spricht nicht gegen die weiter vorn beschriebenen gestalterischen Regeln. Vor allem auch nicht gegen die Forderung, die Maltechnik dem Bildthema oder -gegenstand anzupassen. Die zwei Landschaften zeigen Bildlösungen mit jeweils nur zwei Tiefenebenen.

Unten wurde insbesondere der Unterschied zwischen konkreten, differenzierten Formen im Vordergrund und stark verlaufenden Farbaufträgen im Hintergrund herausgearbeitet. Der Mittelgrund, in diesem Bild das Wasser, ist diesmal für die Tiefengliederung ohne große Bedeutung. Wesentlicher ist die Spannung zwischen Vorder- und Hintergrund. Der Vordergrund wurde, bis auf die Verläufe in den Baumstämmen, ausschließlich als fleckhafte Lasur angelegt, die Bäume im Hintergrund und ihre Spiegelungen auf dem Wasser sind in der Naß-in-Naß-Technik angelegt

Das Bild unten rechts – es zeigt nur Vorder- und Mittelgrund – wendet ein Prinzip an, das schon in der Fotografie von Seite 82 zu sehen war: die extrem abnehmende Sättigung der Farbe und die deutlich geringere Differenziertheit der Gegenstände weiter hinten im Bild. Die hinteren Bäume wurden mit wässerigerer, also weniger gesättigter Farbe auf leicht feuchtes Papier gemalt

Nähe und Distanz

Bevor Sie nun versuchen, die erarbeiteten Elemente in einem Bild zusammenzubringen, sollten Sie Grundsätzliches überlegen. Zwar ist die Formulierung gestalterischer Regeln (schlimmstenfalls „Rezepte“) immer problematisch. Vielfach führen sie bloß zur Übernahme von Klischeevorstellungen, die auf längst schon banal gewordenen Kompositionsschemata aufbauen. Ein Beispiel: Als „richtig“, schön oder harmonisch wird meist eine derartige Komposition empfohlen, wie sie auf der Abbildung unten zu sehen ist.

Den Betrachter ansprechen

Falls Sie der Meinung sind, daß ein so gegliedertes Bild doch ganz nett aussieht, kann ich Ihnen sogar zustimmen: Es ist nett. Nett, langweilig und, was das Wichtigste ist: belanglos. Es hat keine Spannung, keine Kraft, keine Dynamik . . . (aber das soll im Moment gar nicht so wichtig sein, es wird weiter hinten in diesem Buch ausführlicher behandelt). Vor allem aber ist es „bildchenhaft“ und völlig unrealistisch.

Sie haben richtig gelesen: unrealistisch! Realismus bedeutet nämlich nicht, oder jedenfalls nicht nur, daß die Dinge etwa so abgebildet werden, wie sie in Wirklichkeit aussehen, sondern vor allem, daß das Bild den Betrachter mit in seine (scheinbare Bild-) Realität hineinläßt, besser noch: ihn hineinzieht, daß es sein Interesse weckt. Dieses Bild aber schafft eher Distanz, es bezieht den Betrachter nicht mit ein, es läßt ihn unbetroffen von der Situation.

Kompositionelle Planung

Der empfundene Abstand hat in der Tat etwas mit dem – falsch gewählten – Abstand zu den Objekten des Bildes zu tun. So signalisiert uns das Bild oben vielmehr unbewußt, daß das, was dort abgebildet ist, weit weg ist und uns nur wenig betrifft.

Bäume im Vordergrund dagegen können eigentlich gar nicht in voller Größe auf das Blatt passen. Wenn Sie nämlich in der Landschaft sitzen und malen, werden Sie den Kopf weit in den Nacken nehmen müssen, um die Krone des Baumes zu sehen, der in Ihrer Nähe steht. Ein Bild ohne Vordergrund schafft aber viel Distanz, räumliche und vor allem auch gefühlsmäßige. Auch bei den hier beschriebenen Übungen sollten Sie daher unbedingt darauf achten, nicht nur geeignete Techniken richtig anzuwenden, sondern dabei Ihr Bild so zu gestalten, daß es nicht zum „Bildchen“ verkümmert.

Einen wirklichen Vordergrund zeigt diese Komposition nicht, keine wirkliche Nähe zieht den Betrachter in seinen Bann. Der am nächsten stehende, in voller Größe abgebildete Baum vermittelt eher das Gefühl von Distanz

Horizont

Die Horizontlinie ist keine fest vorgegebene Größe. Spielen Sie damit! Wenn Sie die Tiefe einer Landschaft zeigen wollen, erfordert das eine andere Lösung, als wenn es Ihnen mehr um die Weite des Himmels geht. Erfahrungsgemäß ist es auch nur scheinbar überflüssig, zu schreiben, daß die Höhe einer Berglandschaft im Normalfall eher durch ein Hochformat ausgedrückt werden kann. Natürlich gibt es auch intelligente, vitale, spannende Lösungen, die solchen Regeln völlig widersprechen, nur geht es in den meisten Fällen nicht um derartige Kunstwerke. Meist sind es vielmehr „Hobbybildchen", in denen bloß Klischeevorstellungen reproduziert werden: nett und belanglos. Bitte betrachten Sie in Geschäften, Ausstellungen und Büchern Landschaftsbilder, um sie da zu überprüfen. Die unterschiedliche Festlegung der Horizontlinie führt, wie die Beispiele rechts zeigen, zu völlig anderen Gewichtungen im Bild. Formal bedeutet das: Einmal wird die Tiefe der Landschaft betont und einmal die Weite des Himmels. Viel bedeutender als dieser formale Gesichtspunkt ist allerdings die Andersartigkeit der Bildwirkung: Die Tiefe der Landschaft (unten) bekommt nämlich etwas Lastendes, Schweres. Der Blick ist nach unten gesenkt (sonst würde man nicht so viel Boden sehen); und trotz der Tiefe der Landschaft scheint der Betrachter dem Gebäude näher zu sein, es versperrt ihm sogar die Sicht. Im oberen Bild ist – trotz der Schwere des Himmels – viel mehr Luft zum Atmen da, viel mehr Raum. Das Gebäude grenzt die Landschaft nicht ein. Es erscheint eher unbedeutend, da der Blick in die Weite des Himmels schweift.

Die beiden Bildbeispiele führen vor Augen, daß es für die Wirkung nicht unwichtig ist, wo die Horizontlinie liegt. Unten wirkt die Landschaft schwer, der Blick geht in die Tiefe, wird aber vom Haus versperrt. Die Stimmung des Himmels und seine Weite sind hier nicht mehr das Bildthema. Oben ist alles freier und offener

Ein Landschaftsbild – Schritt für Schritt

Wesentliche Elemente eines Landschaftsbildes sind Ihnen nun – wenn Sie die Übungen mitgemacht haben – verfügbar. Mehrfach habe ich dargestellt, daß in einem gestalterischen Prozeß mindestens so viele Regeln gebrochen wie eingehalten werden müssen. Dennoch sind, insbesondere für den Anfänger, Empfehlungen und Hilfen nötig. Selbst wenn diese den Charakter von Rezepten haben, sollten Sie sie als erste Orientierung annehmen. Inwieweit Sie zukünftig darauf zurückgreifen, sie befolgen oder brechen, bleibt Ihnen überlassen und ist Teil Ihres persönlichen kreativen Handelns. In diesem Sinne sollten Sie auch die folgenden Beschreibungen des praktischen Arbeitsablaufs verstehen und selbst nachvollziehen.

Erster Schritt: Skizze

Stellen Sie möglichst immer, bevor Sie auf dem Aquarellpapier arbeiten, eine oder besser mehrere kleine Bleistiftskizzen her. Zwar wird immer wieder eingewendet, daß die Spontaneität darunter leidet, daß die spätere Vorzeichnung auf dem Aquarellpapier meist weniger gelungen erscheint als die erste Skizze. Dabei wird meines Erachtens aber der Sinn dieser Vorarbeit vergessen – es geht bei der Skizze darum, das Geschehene genauer zu erfassen, die Bildidee auszuprobieren und mehr noch: Alternativen zu entwickeln, zu vergleichen, zu verändern, . . .
Natürlich geht es auch darum, das Motiv, die Objekte „in den Griff" zu bekommen, bestimmte Dinge auszuprobieren, die einem dann nachher beim Malen klar sein sollten. Eine entschlossene Pinselführung ist nicht zuletzt das Ergebnis sorgfältiger Planung und einer Vielzahl praktischer Vorübungen.

Agios Georgios auf Zypern, von drei verschiedenen Standpunkten aus gesehen. Solche Skizzen (sie müssen allerdings nicht derart genau sein, das ist hier nur zur Veranschaulichung geschehen) helfen, den angemessenen Standpunkt, also den Blickwinkel und die Distanz zu finden, aber auch Entscheidungen in bezug auf das Format, die Bildaufteilung und so weiter zu treffen

Zweiter Schritt: Vorzeichnung

Auch darauf werde ich später noch ausführlicher eingehen. Hier nur soviel: Die Vorzeichnung auf dem Aquarellpapier soll eine grobe Hilfe beim praktischen Malvorgang sein. Nicht mehr und nicht weniger. Es geht keineswegs darum, die skizzierten Flächen später exakt auszufüllen; bemühen Sie sich also nicht um allzu präzise Vorzeichnungen. Sie müssen lediglich so deutlich sein, daß Sie gerade erkennen können, was Sie an welcher Stelle malen wollen. Schließlich fordert die Aquarellmalerei einen lasierenden Farbauftrag: Wenn Sie also beispielsweise in Ihrem Himmel nicht die Baumkronen aussparen, wird das gesamte Laubwerk Ihrer Bäume blau eingefärbt. Die Bleistiftstriche sollten sicher gesetzt werden (deswegen auch die Skizzen – Sie wissen, daß das Radieren dem Papier schaden würde), am besten mit einem nicht allzu weichen Bleistift, also etwa HB oder B.

Wenn sich die Skizzen zu einer befriedigenden Bildlösung konkretisiert haben, überträgt man die wesentlichen Umrißlinien als zarte Bleistiftzeichnung auf das Aquarellpapier

Dritter Schritt: Farbwahl

Wählen Sie, bevor Sie mit dem eigentlichen Malvorgang beginnen, eine aufeinander abgestimmte Farbpalette. Entscheiden Sie sich also schon vorab für das Blau des Himmels, die Grüntöne der Bäume, die Farben der Felder, der Wiesen, Äcker . . . all dessen, was Sie in Ihrem Bild darstellen wollen. Gehen Sie an dieser Stelle erst einmal von Ihren Erfahrungen und Vorstellungen aus. Ich werde im Kapitel „Gestaltungsabsichten" ausführlicher auf die Farbwahl eingehen (siehe Seite 112). Im Augenblick sollten Sie die Farben nach Ihrem Geschmack auswählen, aber denken Sie daran, daß ein besonders „kunterbuntes" Bild nicht sehr natürlich erscheint.

Um das Motiv besser zu verstehen, vor allem um eine klarere Vorstellung von den Farben zu bekommen, ist es sinnvoll, eine stark vereinfachte farbige Skizze herzustellen. Bei diesem Beispiel ist das allerdings nicht ganz einfach, da die Bildwirkung dieses Motivs ganz stark von grafischen Reizen lebt: von den bizarr gekrümmten Zweigen der Bäume oben im Bild und von den borstigen Gräsern im Vordergrund

Als Palette bezeichnet man auch die Zusammenstellung ausgewählter Farben

Vierter Schritt: Erster (zarter) Farbauftrag
Dazu wieder ein Rezept: Legen Sie ein Aquarell von oben nach unten an (um nicht versehentlich die noch feuchte Farbe zu verschmieren, wenn andere Bildpartien gemalt werden), von hinten nach vorn (um sich der unterschiedlichen Gestaltung der Tiefenebenen bewußt zu sein) und von zart nach kräftig (das entspricht dem Prinzip der Aquarellmalerei am ehesten). Bei unserem Beispiel bietet sich die folgende Reihenfolge an.

a) Malen Sie zuerst den Himmel (verlaufend, nicht „anstreichen"!). Sparen Sie dabei die Gebäude und Bäume (hier zumindest Stamm und dicke Äste) aus. Befände sich üppiges Laubwerk im Vordergrund, sollte die Krone lieber weich verlaufend ausgespart werden; sonst entstünde ein weißes Loch mit harten Kanten im Himmel, das Sie dann mit Blättern ausfüllen müßten. Das sähe nicht sehr natürlich aus.

Je nach Position und entsprechender Farbintensität sollten Sie auch die Bäume im Bildmittelgrund aussparen. Bei extremer Bildtiefe könnten Sie zusätzlich weit entfernte Bäume naß in naß an den Horizont setzen (wie auf Seite 84 beschrieben ist). Warten Sie dann, bis der Himmel getrocknet ist.

b) Legen Sie nun großzügig horizontal gegliederte Flächen als Wiesen oder Felder an. Beginnen Sie mit den hellen Tönen; lassen Sie sie trocknen, bevor Sie die Bereiche dazwischen malen. Außerdem können nun alle Bildteile, die sich vor dem inzwischen getrockneten Himmel befinden, mit erstem Farbauftrag gestaltet werden, hier also die Gebäude. Sparen Sie auch jetzt wieder die Bereiche für die davorstehenden Bäume aus.

c) Vor allem die Bäume im Vordergrund werden mit Hilfe der Verlauftechnik gestaltet, sie hilft die Stämme zu modellieren. (Dabei sollten ruhig deutlich aufbrechende Trockenkanten entstehen, sie vermitteln den Eindruck von rauher Rinde.)

Die Bäume im Mittelgrund werden ähnlich, nur weicher, behandelt. Die feinen dunklen Zweige der Vordergrundbäume können Sie direkt auf das (trockene) Blau des Himmels malen.

Vermutlich ist der Boden (also Wiese, Acker oder ähnliches) inzwischen trocken, so daß Sie nun im Vordergrund weiterarbeiten können.

d) Das hohe Gras entstand hier in fleckhafter Malweise in der Lasurtechnik. So läßt sich der Vordergrund am besten und differenziert wiedergeben. Achten Sie darauf, daß die ersten, hellen Farben trocken sind, bevor Sie die nächsten Lasuren darübersetzen. Ansonsten entstehen weiche Naß-in-Naß-Effekte, die den Vordergrund nicht angemessen akzentuieren würden. (Bei dicht belaubten Bäumen im Vordergrund wären die Blätter ähnlich zu gestalten.)

Für den ersten zarten Farbauftrag werden in der Fläche des Himmels und vor dem Gebäude einige Bereiche ausgespart, damit dort die Farben nicht durch darunterliegende Töne verändert werden

Fünfter Schritt: Wiederholung, Verdichtung, Intensivierung

Um dem Bild mehr Intensität zu verleihen, wiederholen Sie alle zuletzt genannten Arbeitsgänge. Sämtliche Formen habe ich in dem Beispiel mit weiteren Lasurschichten überzogen, nur den Himmel habe ich so belassen, da er nicht kräftiger werden sollte.

Sechster Schritt: Akzentuierung und Harmonisierung

a) Mit zarten, wässerigen, verlaufenden Lasuren werden nun die zu hart nebeneinanderstehenden Farbflächen verbunden, um dem Bild mehr Geschlossenheit zu geben. Im Hintergrund sind violette oder blaue Töne sinnvoll, im Vordergrund eher warme Farben wie Gelb oder Ocker. Diese Farbwahl trägt mit zu einer räumlichen Bildwirkung bei (Verblauung, siehe auch Seite 82).

b) Einen größeren farblichen Zusammenhalt erzielt man, wenn man die Farben des Hintergrundes auch im Vordergrund auftauchen läßt und umgekehrt (zum Beispiel in den Schattenbereichen). Insgesamt ziehen sich alle Farben – natürlich in unterschiedlicher Sättigung und Menge – netzartig über das ganze Bild.

c) Möglicherweise müssen Sie auch noch die Bäume optisch an den Himmel „anbinden". Dazu werden ein paar (himmel-)blaue Flecken zwischen und in die Laubmassen oder wie hier neben den Stamm und die Äste gesetzt und gegebenenfalls verlaufend in die Fläche des Himmels gezogen. Dadurch entsteht eine Art malerische Verbindung, und die abgebildeten Objekte stehen nicht mehr so beziehungslos im Bild.

d) Kneifen Sie zum Schluß die Augen leicht zusammen, und versuchen Sie so, die Verteilung der inzwischen vorhandenen Akzente zu überprüfen (Hell-Dunkel-Kontraste). Wahrscheinlich – wenn Sie den lasierenden Farbauftrag als Gestaltungsregel ernst genommen und nicht deckend gemalt haben – sollten Sie die Kontraste verstärken, indem Sie kräftigere Akzente an die Baumstämme, ins Laub, an die Gebäudekanten und so weiter setzen.

Beim fertigen Bild sieht man eine deutliche Tiefenwirkung – nicht nur durch die Überschneidungen der Formen, sondern auch durch den überlegten Einsatz der Techniken

Jaques Fouquier (um 1590–1659)
Flußlandschaft

Die Tiefe gliedern: Intensität, Konstrast und Differenziertheit

Um das durch Vorübungen Schritt für Schritt Erlernte zu festigen, verteile ich in meinen Kursen oft Schwarzweißkopien eines Aquarells von Jacques Fouquier (links). Das Bild entspricht mit seinen drei Tiefenebenen (Vorder-, Mittel- und Hintergrund) recht genau dem weiter vorn beschriebenen Gestaltungsschema. Um sich damit auch praktisch vertraut zu machen, erarbeiten die Kursteilnehmer – und ich empfehle Ihnen, die Übungen entsprechend nachzuvollziehen – ein monochromes (einfarbiges) Aquarell (unten links). Die Tiefe wird dabei, das wissen Sie

Das Gestaltungsschema der drei Ebenen Vorder-, Mittel- und Hintergrund läßt sich im Laufe der Kunstgeschichte immer wieder nachweisen. Das verdeutlichen die hier ganz bewußt schwarzweiß gezeigten Aquarelle aus fast dreieinhalb Jahrhunderten. Überprüfen Sie diese und andere Gestaltungsschemata einmal selbst in der Geschichte der Malerei

Diese Landschaft ist als monochrome Übung nach einer Schwarzweißkopie des Bildes von Fouquier (oben) entstanden

Ganz oben: William Taverner (1703–1772)
Landstraße zu eine Kirche führend

Unten: Johann Christoph Erhard (1795–1822)
Rastende Künstler im Gebirge, 1819

schon, durch Intensität (also kräftige Partien), durch stärkere Kontraste und größere Differenziertheit im Vordergrund verdeutlicht.
In bezug auf den letzten Punkt sollte allerdings die Vorlage unbedingt freier interpretiert werden: Durch den zum größten Teil fast zeichnerischen Farbauftrag bei Fouquer zieht sich eine kleinteilige Fleckhaftigkeit über das ganze Blatt. Der Mittel- und der Hintergrund rücken dadurch deutlich nach vorn, eine atmosphärische Tiefe ist deshalb praktisch nicht vorhanden. Legen Sie diese Partien also stattdessen großzügiger an. Nicht nur der Hintergrund sollte flächiger und weicher sein, sondern auch der Mittelgrund: Er erscheint auf der Vorlage noch zu fleckhaft differenziert und muß für diese Übung (beispielsweise dem gezeigten Gestaltungsvorschlag links unten entsprechend) verändert werden.

Paul Cézanne
(1839–1906)
Landschaft in der Provence,
um 1880

Links:
Johann Wolfgang von Goethe
(1749–1832)
Landschaft, um 1787

Antke Bornemann
Winterlandschaft
1986
Die Illusion der Tiefe einer Landschaft übt auf den Betrachter immer eine gewisse Faszination aus, wie auch dieses Motiv in monochromer Aquarellmalerei zeigt. Neben den weiter vorn genannten Bedingungen für Bildtiefe sind in diesem Bild noch andere Elemente verwendet: Linien weisen in die Tiefe. Hier sind es auf einen Punkt hin fluchtende Linien, die perspektivisch angelegten Ackerfurchen. Außerdem sind die Formen im Vordergrund größer, hier also die breiter werdenden Furchen und die Bäume, die sich allerdings nur im Hinter- und Mittelgrund befinden

Farbe und Räumlichkeit

Ein weiteres Gestaltungsprinzip, durch dessen Anwendung Tiefe in einem Bild suggeriert wird: Stark leuchtende Farben (mit einem hohen Lichtwert) drängen in den Vordergrund. Prinzipiell läßt sich sagen, daß jede Farbe eine besondere Tiefenwirkung hat. So drängen Gelb, Orange und Rot (meist als warme Farben empfunden) stark in den Vordergrund, während Grün, Blau und Violett (kalte Farben) eher im Hintergrund bleiben, jeweils in dieser Reihenfolge. (Wir wissen, daß mit zunehmender Entfernung in der Landschaft alle Töne „verblauen".) Diese Regel ist aber nicht immer gültig. Die Tiefenwirkung einer Farbe ist natürlich auch von den Bezugsfarben abhängig, also beispielsweise von den umgebenden Farben, vom Hintergrund und so weiter. Die Erklärung dafür ist relativ einfach. Unsere Wahrnehmung funktioniert nicht in dem Sinne, daß Informationen, die von außen kommen (daß wir also beispielsweise etwas sehen), jedesmal völlig neu analysiert und definiert werden. Sie werden vielmehr mit bereits Bekanntem verglichen und dementsprechend zugeordnet. So wird in einem Bild mit einem sehr hellen Hintergrund ein lichtes Gelb nicht so stark in den Vordergrund drängen wie in einem Bild mit einem dunklen Hintergrund. Unsere Wahrnehmung erkennt nämlich die helle Fläche als Hintergrund und ver-

Die hier gezeigten farbigen Skizzen gleichen sich – betrachtet man lediglich die Farbe der Gegenstände und den Gesamtaufbau. Dennoch erscheinen Tasse und insbesondere die Kanne jedesmal unterschiedlich weit entfernt. Dadurch, daß die Farbigkeit der Kanne und des Hintergrundes im oberen Bild sehr ähnlich ist, „rutscht" dieses Gefäß förmlich nach hinten. Auch die Tasse drängt längst nicht so stark nach vorn wie in der anderen Farbskizze

Gibt es bei den drei Bildern rechts eines, das Sie in bezug auf seine Räumlichkeit irritiert?
Die Tiefengliederung des linken Bildes ist im wesentlichen eine Folge der nach hinten hin abnehmenden Farbsättigung.
Das mittlere Bild zeigt ein ähnliches Phänomen. Zwar sind alle Farben praktisch in ihrer höchsten Sättigung aufgetragen, da aber der Tonwerteumfang der Farben unterschiedlich groß ist, scheinen die Farben vorn intensiver zu sein.
Allerdings kann man einen Bruch in der Logik der farblichen Tiefengestaltung bemerken: Die aktiveren, in den Vordergrund drängenden Farben sind als Eigenfarben der Gegenstände im Hintergrund verwendet worden

legt praktisch alles, was ähnlich hell ist, in diese Ebene. Die Farbe als solche (also das Gelb) hat zwar für sich genommen eine andere Wirkung, sie wird aber durch die Intensität des Hintergrundes überlagert.

Tiefe darstellen – eine Übersicht

Zum Abschluß des Kapitels über angemessene Techniken der Landschaftsmalerei möchte ich noch einmal die wichtigsten Bedingungen aufzählen, die ein Bild räumlich erscheinen lassen. Obwohl ich im Rahmen dieses Buches nicht auf alle Punkte sehr ausführlich eingehen kann, nenne ich sie mit – denn meistens wirkt alles zusammen.

1. Allmähliche Verblauung der Farben zum Hintergrund hin
2. Geringere Sättigung der Farben im Hintergrund
3. Zunehmende Differenzierung der Formen zum Vordergrund hin
4. Höhere Farb- und Hell-Dunkel-Kontraste im Vordergrund
5. Stark „leuchtende" Farben drängen in den Vordergrund
6. Diagonale oder auf Fluchtpunkte weisende Linien, verkürzte Abstände (Perspektive)
7. Größere Formen im Vordergrund
8. Formüberschneidungen

So sieht das Ergebnis aus, das die Wirkung der Farben im Hinblick auf die Illusion der Bildtiefe berücksichtigt. Wieder ist die Vorlage das Fouquier-Bild von Seite 92. Das Bild oben zeigt die klassischen drei Ebenen mit den angemessen zugeordneten Farben und ihrer jeweils richtigen Intensität und Differenziertheit der Formen

Im letzten Bild (unten) sind beide Regeln weitgehend angemessen berücksichtigt worden. Die Farben der hinteren Gefäße sind abgeschwächt, und die aktiveren Töne wurden als Eigenfarben der Gegenstände im Vordergrund verwendet

Lernfeld 2

GESTALTUNG

Realität und Bildrealität

Was bedeutet „naturgetreu“ malen?
Das Anliegen des Künstlers

Gestaltungsabsichten

Der Weg zum Bild
Das „Bild an sich“
„Handschriftlichkeit“ des Farbauftrags

Was bedeutet „naturgetreu" malen?

Bevor wir im folgenden Kapitel den gesamten kreativen Prozeß vom Sehen, Verstehen, von der Idee über die Bildkonzeption zum Bild verfolgen, möchte ich zuvor etwas Grundsätzliches voranstellen, was mir in meiner langen Kurspraxis stets als ein wichtiges Problem der Kursteilnehmer begegnet: die Frage nach der Realität im Bild.

Von den Verfechtern einer realistischen Darstellungsweise wird gegen diejenigen Künstler, die weniger gegenständlich malen, oft der Vorwurf erhoben, daß sie eben nicht naturgetreu malen könnten. In diesem Zusammenhang möchte ich das im Kapitel „Keine kleine Kunstgeschichte" erwähnte Zitat von August Macke (Seite 14) vervollständigen. Vorausschicken sollte man allerdings, daß er wirklich keinerlei Entschuldigungen für seine gestalterische „Unfähigkeit" brauchte. Mackes frühere Zeichnungen sind auch für die Kritiker der ungegenständlichen Kunst derartig perfekt, daß seine Fähigkeiten in dieser Hinsicht über jeden Zweifel erhaben sind. Es schreibt August Macke also weiter: „Nein, ein Kunstwerk muß gutgelogene Natur sein, eine gutgetroffene Auswahl, ein Spiegel der Empfindungen." Aus den weiter vorn zitierten Sätzen und aus diesem hier kann man fast eine komplette Gestaltungslehre ableiten. In jedem Fall lassen sich die folgenden Schlüsse daraus ziehen.

Über das Nachahmen

Es ist nicht die Aufgabe der bildenden Kunst, Realität nachzuahmen. Wenn ich kein weitergehendes Interesse an meinem Bild habe, als die Situation, die vorgefundenen oder arrangierten Gegenstände, so wie sie sind, abzubilden, sollte ich mir tunlichst einen Fotoapparat kaufen und eine gute Fotografie davon herstellen.

Das Bild – eine Illusion

Ein Kunstwerk (ein Bild) ist zuerst einmal eine Fläche, die durch grafische und malerische Elemente gegliedert ist. Daß wir darin bestimmte Gegenstände, Figuren oder Landschaften sehen, ist oft eher von Erinnerungen, Konventionen, Vorerfahrungen und so weiter geprägt, als daß diese Dinge tatsächlich ablesbar wären. So hat ein Bild zum Beispiel keine echte Tiefe; diese ist, wenn überhaupt ablesbar, eine „gutgelogene" Sache, eine Illu-

In dem kleinen Bild rechts stimmen zwar die Tonwerte mit denen der Wirklichkeit überein (dunkle Zypressen, bewaldeter Hügel links im Hintergrund). Aber so scheinen die Bäume irgendwo vorn zu schweben. Sie wissen: Farbintensität drückt Nähe aus, was hier im Widerspruch zur perspektivisch dargestellten Entfernung steht. Darüber: das „übersetzte" Landschaftsbild, mit anderer Tiefenwirkung

sion. Die Farben sind den Gegenstandsfarben höchstens ähnlich (das Blattgrün beispielsweise wird völlig anders gebildet als der Grünton unserer Aquarellfarben). Außerdem bedeutet ein Bild immer nur die Darstellung eines Ausschnitts, reduziert auf den visuellen Reiz – bei einem „Seestück" zum Beispiel hört man nicht mehr den Schrei der Möwe, man riecht nicht mehr die Meeresluft...
Wenn wir ein realistisches Bild malen, setzen wir beim Betrachter demnach eine ganze Menge guten Willen voraus, wenn wir erwarten, daß er das, was er im Bild sieht, für die Realität selbst hinnehmen soll.

Realität muß übersetzt werden

Wenn man die Realität, so wie sie ist, nachmacht, ergibt das kein schlüssiges Bild; es tauchen Widersprüche in der Logik der Tiefengliederung auf. Wenn ich den Eindruck erwekken will, daß das, was ich abbilde, zum Beispiel genau wie eine Landschaft aussehen soll, muß ich also lügen. Oder etwas wertneutraler ausgedrückt: Ich muß „übersetzen".
Aber genausowenig, wie ich bei der Übersetzung von einer Sprache in eine andere Wort für Wort übersetze, kann ich beim Bild Gegenstand für Gegenstand, Farbe für Farbe übersetzen.
Es gab einmal einen deutschen Politiker, der zur Königin von England sagte: „Equal goes it loose." Er wollte ihr sagen, daß es gleich losgehen würde. In dieser Form gibt das Gemeinte für einen Engländer natürlich überhaupt keinen Sinn.
Genausowenig funktioniert das beim monochromen Landschaftsbild links unten, das die Zypressen im Hintergrund ebenso dunkel zeigt, wie wir sie tatsächlich in der Natur sehen. Denn das zerstört die Illusion von Bildtiefe. Das haben Sie bereits in dem Abschnitt gelernt, der sich mit der Landschaftsmalerei auseinandersetzt. Dort ist nämlich dargestellt, daß Farbintensität Nähe ausdrückt. Demnach müßten sich die Bäume also im Vordergrund befinden.
Die Realität ist also nicht das gleiche wie die Bildrealität. Ein Bild ist – wenn überhaupt – nur eine Übersetzung der Realität, mit anderen Gesetzmäßigkeiten, mit einer anderen Grammatik.

Bei der „Übersetzung" links oben wurde eine Bildsprache gewählt, die der Raumillusion den Vorrang gibt. Hier nun sollte die Stimmung der Farben das wesentliche Element des Landschaftsmotivs darstellen. Statt dessen verzichtete ich auf die Illusion von Raumtiefe, ebenso auf die exakte Wiedergabe der Formen

Bildsprachen

Wenn Sie mir so weit gefolgt sind, möchte ich mit Ihnen gern noch einen Schritt weitergehen. Der Vergleich mit der Sprache und ihrer Grammatik ermöglicht nämlich noch eine andere Erkenntnis: Es gibt logischerweise eine Vielzahl verschiedener Sprachen, und für jede dieser Sprachen gibt es unterschiedliche Regeln. Keine Sprache ist „richtiger", „wahrer" oder „bedeutender" als eine andere.
Betrachten Sie sich bitte noch einmal das zweite skizzenhafte Landschaftsbild. Es ist eindeutig in einer Bildsprache gestaltet, die darauf abzielt, daß alle Prinzipien raumillusionistischer Gestaltung beachtet werden. Die Hell-Dunkel- oder die Intensitätsverhältnisse wurden so verändert, daß eine Bildtiefe entsteht. Eine exakte Farbwiedergabe wurde ebenfalls nicht angestrebt.
Das farbige Bild auf der rechten Seite zeigt dagegen das gleiche Motiv in einer anderen Bildsprache. Dabei ging es in erster Linie um die möglichst naturgetreue Wiedergabe der Farben, der Farbstimmung. Die Folge davon ist allerdings die Störung der Illusion von Bildtiefe. Dadurch wurde auch die perspektivisch richtige Abbildung der Gebäude belanglos. Sie hätte eher störend gewirkt. Der eindeutige Vorrang der Farbe führte damit zu einer anderen, aber genauso „richtigen" Bildgestaltung wie zuvor das Primat der Tiefe.

Das Anliegen des Künstlers

Skizze nach einem Gemälde
von René Magritte
Die Promenaden des Euklid,
1955

Ob sich ein Künstler für das eine oder andere entscheidet (für Raumillusion, genaue Farbtreue oder anderes), ist ganz allein ihm überlassen. Alle Möglichkeiten sind gleichermaßen legitime Entscheidungen bei der Suche nach einer angemessenen Bildsprache, die das Anliegen des Künstlers am besten veranschaulicht. Die Bezugsgröße für die Angemessenheit einer Gestaltung ist also das bildnerische Anliegen des Künstlers. Somit läßt sich also durchaus beurteilen, ob die Wahl der „Sprache", der Gestaltungsart richtig oder falsch, gut oder schlecht war, ob das Bild in diesem Sinne gelungen ist – gemessen an den (sichtbaren) Bildabsichten des Künstlers. Oder ob es schlecht, belanglos, ob es Dilettantismus oder Kitsch ist. Mehr läßt sich nicht sagen. Das gestalterische Anliegen des Künstlers als solches ist nicht diskutierbar.

Auswahl und Empfindungen

August Macke stellt in dem auf Seite 98 zitierten Satz noch eine weitere, gut handhabbare und befragbare Forderung auf: Ein Kunstwerk muß eine „gutgetroffene Auswahl" zeigen. Auch das wird allzumeist vergessen. Die Objekte, die man sich für sein Bild aussucht, sollten nicht beliebig oder zufällig gewählt werden oder nur deswegen, weil sie hübsch oder beeindruckend erscheinen. Sie sollten vielmehr ganz ernsthaft befragt werden, ob sie wirklich bedeutsam für das Bild und in dem Bild sind.
Und schließlich fordert August Macke: Ein Kunstwerk muß ein Spiegel der Empfindungen sein. Ein Bild sollte also weder bloß ein Abbild einer vorgefundenen oder arrangierten Realität sein, noch sollte es lediglich auf eine Aussage hin gestaltet werden. Vielmehr muß es auch noch die Empfindungen, die Gefühle des Künstlers vermitteln. (Auf diesen Punkt gehe ich später ausführlicher ein.)

Was ist real an einer realistischen Darstellung?

Am liebsten hätte ich diesen Abschnitt damit begonnen, daß ich Ihnen zwei gemalte Äpfel zeige: einen perfekt naturalistisch gestalteten und einen „hingeschmierten". Dazu hätte ich geschrieben, daß beide Äpfel gleichermaßen unrealistisch sind, und daß Sie das nachprüfen könnten, indem Sie versuchten, in beide hineinzubeißen. Das war mir dann aber doch ein bißchen zu platt (obwohl es mehr als nur ein bißchen wahr ist!). Ich versuche es jedenfalls doch etwas anspruchsvoller.

Ein Bild im Bild

Mit der Skizze nach einem Gemälde des belgischen Surrealisten René Magritte (links) möchte ich noch einmal Forderungen Mackes verdeutlichen und die Tatsache anschaulich machen, daß auch das scheinbar realistische Bild in höchstem Maße Illusion ist. Was uns zuerst logisch erscheint, wird plötzlich unklar und fragwürdig, das vermeintlich Wahre wird brüchig.

Das Bild zeigt eine Staffelei mit einem Gemälde, das – als solches kaum sichtbar – genau den Ausschnitt aus der Realität wiedergibt, den es verdeckt. Bis auf die Bildkante links ist es im Originalgemälde fast nicht zu entdecken. Es ist demnach ein ziemlich überflüssiges Gemälde: Wenn es fehlen würde, sieht das Gesamtbild auf den ersten Blick fast ganz genauso aus. Man würde lediglich auch den mittleren Teil der Staffelei sehen.

Noch etwas sehr Hintersinniges zeigt das Gemälde im Bild: zwei nahezu identische Formen, die wir bereitwillig einmal als räumlich-plastische Form, als Dach eines Turms, und einmal als eine in die Tiefe gehende Straße identifizieren. Das ist „gutgelogene" Realität. Aber das ist nicht alles. Magritte will uns vermutlich mit diesem Bild nicht zeigen, wie perfekt er malen kann; vielmehr geht es ihm sicherlich darum, uns vor Augen zu führen, daß ein Bild immer nur scheinbar das gleiche ist wie die Realität, daß der Künstler das Recht hat, nach Belieben (oder besser seinem Anliegen, seinen Vorstellungen und Zielen entsprechend) damit umzugehen.

Drei Baummotive

Die drei farbigen Abbildungen dieser Doppelseite sollen noch einmal die These verdeutlichen, daß jedes abgebildete Ding nicht das Ding selbst ist, sondern eine Übersetzung davon, und daß jeder Künstler die Grammatik seiner Bildsprache selbst entwickelt.

Die hier gezeigten Bilder zeigen übersetzte, also keine nachgemachten Bäume. Ihre unterschiedliche Form entspricht den jeweils unterschiedlichen Gestaltungsabsichten einer Malerin. Dabei ist keine Lösung richtiger oder besser als eine andere.

Die Gestaltung der geschlossenen Baumgruppe im Gegenlicht (oben) ist sicherlich genauso treffend wie die der windzerzausten Strandkiefern darunter dargestellt. Und da die gesamte Situation jeweils eine völlig andere war (also das Licht, das Wetter, der Ausdruck der Gegenstände, hier also vor allem der Bäume, und insbesondere auch die Stimmung, das Gefühl und die Gestaltungsabsichten der Malerin), muß auch die Bildlösung jedesmal eine andere sein! Darin zeigt sich übrigens die gestalterische Flexibilität eines Künstlers. Hier drückt sich seine Fähigkeit aus, an eine veränderte Situation immer wieder neu heranzugehen.

Ein Hinweis für Ihre Malpraxis: Wenn eines Ihrer Bilder aussieht wie das andere, heißt das nicht unbedingt, daß Sie Ihren „Stil" gefunden haben – sondern eher, daß Sie gar nicht mehr für neue Eindrücke offen sind.

Wie verschieden reale Situationen in ein Bild übersetzt werden können, zeigen die drei Beispiele dieser Doppelseite, die vom Thema her verwandte Motive abbildet. Jedesmal hat sich die Künstlerin neu auf die verschiedenen Landschaftssituationen eingestellt und eine angemessene Bildsprache gefunden

Der Weg zum Bild

Bereits in den vorigen Kapiteln kam immer wieder zur Sprache, was es bedeutet, Gestaltungsabsichten in ein Bild umzusetzen. Nun aber soll Ihnen bewußt werden, welche Voraussetzungen ganz konkret, welche Bedingungen, Planungen, Überlegungen und so weiter die Entstehungsphase und schließlich das Bild selbst – so wie es dann aussieht – beeinflussen. Bei differenzierter Betrachtung des gesamten Gestaltungsvorganges fällt nämlich auf, daß der eigentlich praktische Teil nur einen Ausschnitt daraus darstellt.
Das mag sich zunächst alles sehr theoretisch anhören, doch anhand der zahlreichen Abbildungen und auch praktischer Versuche können Sie sich etwas erarbeiten, was Ihnen in Zukunft eine große Hilfe sein wird – auch wenn Sie nur ein einfaches Motiv zu Papier bringen wollen.

Die Realität sehen und verstehen

Ich erlebe immer wieder, daß viele, auch künstlerisch interessierte und ambitionierte Menschen nicht richtig sehen können. Wobei ich natürlich nicht von einer Zunahme der Fehlsichtigkeiten und Augenkrankheiten rede, sondern von einer Oberflächlichkeit des Sehens.
Dazu zwei Anekdoten. Die eine endet damit, daß ein Bild entsteht, die andere damit, daß keines entsteht. Das klingt eigentlich recht banal; nur sollte ich erwähnen, daß das nicht entstandene Bild, wenn es dann doch entstanden wäre, das deutlich bessere wäre.

Zwei Anekdoten

Auf einer Malreise nach Norditalien malte einer meiner Kursteilnehmer ein Bild eines mittelalterlichen Kirchleins. Ich weiß nicht, woran es lag: Normalerweise möchte ich immer erst den Entwurf, eine Skizze des geplanten Bildes sehen – aber in diesem Fall war ich vor die vollendete Tatsache gestellt. Das Bild sah jedenfalls vom Aufbau her wie die linke Skizze aus und hatte im Grunde nichts mit dem zu tun, wie das Gebäude in Wirklichkeit aussieht (rechte Skizze). Entsinnen Sie sich, was ich über die Funktion unserer Wahrnehmung (Seite 94) geschrieben habe? Wir analysieren und interpretieren normalerweise nicht bloß, was wir momentan sehen, sondern vergleichen es (natürlich unbewußt) mit unseren Vorerfahrungen. Das hier gezeigte Häuschen ist das, was der betreffende Kursteilnehmer kennt, so etwas gibt es zu Hause: symmetrisch, links und rechts von der Tür gleichgroße Fenster, dazu die bekannten Proportionen eines Häuschens im Grünen.
Nicht daß ich nun ein Plädoyer für das bloße Nachmachen des Vorgefundenen halten werde – nur stellt sich die Frage, warum man sich vor die Natur, vor reale Gegenstände setzt, warum man vielleicht sogar in den Süden fährt, wenn so etwas dabei herauskommt: Bilder von Dingen, die man schon kennt, die man also im Kopf mitgebracht hat? Da wird die ausdrucksvolle italienische Kirche zum gesichtslosen Ferienhaus, der von Oliven bestandene Hang zur norddeutschen Apfelwiese. Wenn wir nicht bereit sind, uns dem Neuen, Typischen und Bedeutenden zu stellen, wenn wir nicht dafür offen sind, sollten wir besser zu Hause bleiben und uns andere Motive wählen.
Richtiges Sehen setzt die Bereitschaft und Fähigkeit dazu voraus!
Davon ist in der zweiten Geschichte die Rede. Auch sie spielt in Italien, in der Toskana. Auch diesmal war der entsprechende Kursteilnehmer einer der letzten, zu dem ich kam. Trotzdem hatte er noch keinen Strich auf das Papier gebracht. Gerhard ist, das sollte ich erwähnen, einer der seltenen Menschen, die mit den Jahren nicht bloß alt, sondern vor allem auch weise werden. Dementsprechend lautete sein Kommentar: „Ich habe darüber nachgedacht, daß ich jetzt hier schon fast zwei Stunden sitze und die Landschaft betrachte. Ohne den Block auf den Knien hätte ich das bestimmt nicht getan. Aber ich glaube, daß ich die Landschaft dadurch verstanden habe. Weißt Du, ich glaube, ich brauch' das Bild nun nicht mehr zu malen."
Das war keinesfalls eine Entschuldigung dafür, daß er sich der Aufgabe nicht stellen wollte. Darin kommt vielmehr eine ganz bedeutende Erkenntnis zum Ausdruck: Die

abzubildende Landschaft, die Objekte und so weiter zu verstehen, ist eine wichtige Voraussetzung für das Bild. Noch wichtiger aber ist, daß das Sehen selbst bereits ein wesentlicher Bestandteil des eigentlichen kreativen Prozesses ist. Ein Teil, der in seiner Bedeutung durchaus dem praktischen Gestalten gleichwertig ist.

Vier Phasen

Der gesamte gestalterische Vorgang gliedert sich demnach in vier Phasen:

1. sehen
2. verstehen
3. entwickeln einer Bildkonzeption
4. künstlerisch praktische Umsetzung, die Ausführung

Das, was Hobbykunst oft so schlecht macht, ist die Folge einer zu geringen Aufmerksamkeit für die Punkte 1 bis 3. Wenn nicht das Typische, das Bedeutende, Reizvolle, Spannungsreiche, wenigstens das Witzige oder Originelle gesehen und erkannt wird und wenn daraus nicht eine angemessene Bildidee entwickelt wird, kann von dem entstehenden Bild nicht mehr als – bestenfalls – kunstgewerblich dekorierte Oberflächlichkeit zu erwarten sein.

Vieles von dem spielt sich zugegebenermaßen unbewußt ab. Dazu muß aber erst einmal gelernt werden, sich auf die drei ersten Phasen ernsthaft einzulassen. Diese Fähigkeit muß entwickelt werden. So braucht ein Musiker beispielsweise nicht jedesmal zu überlegen, wo welcher Ton und wie welche Tonkombination zu greifen ist. Aber er hat natürlich zuvor endlose Stunden des Übens dafür gebraucht, um sich diese Voraussetzung für seine musikalischen Leistungen zu erarbeiten.

Sehen und verstehen lernen

Wir haben uns so sehr daran gewöhnt, Situationen, Bilder, Farben und Formen in kürzester Zeit zu erkennen, daß wir gar nicht mehr darüber nachdenken, ob unsere Wahrnehmung auch richtig war. Oft ist sie – wie ich gerade geschildert habe – völlig falsch. Wir müssen lernen innezuhalten, bewußt hinzusehen und unser Sehen zu kontrollieren. Im Hinblick auf das richtige Erfassen der Größenverhältnisse zum Beispiel ist es gar nicht verkehrt, mit einem Bleistift, den man am ausgestreckten Arm in der Hand hält, die Größen abzumessen. (Etwa: Wie hoch ist die Tür im Verhältnis zur Hauswand? Wie groß sind die Fenster im Vergleich zur Tür?) Auch Höhen und Richtungen lassen sich damit ganz gut kontrollieren. (Befinden sich die Fenster wirklich auf gleicher Höhe? Wie ist der Neigungswinkel des Daches?)

Wenn Sie eine Farbe, die beispielsweise einem Gegenstand entsprechen soll, prüfen wollen, machen Sie am besten eine kleine Aufstreichprobe und halten das Ergebnis neben den Gegenstand. Mit solchen Hilfen überprüfen Sie das Gesehene und lernen es auch besser verstehen. Beides sind wichtige Voraussetzungen für den folgenden Schritt.

In diesem Fall ein zweifelhaftes Motto: Realität und Bildrealität. Rechts ist angedeutet, was bedeutsam gewesen wäre, wenn man es gesehen hätte. Links: Der Kursteilnehmer brachte eine Vorstellung von „Haus" aufs Papier; nicht das Besondere, das er sah und doch nicht wahrnahm. Vielleicht die treffendste Bildunterschrift: Original (rechts) und Fälschung (links)

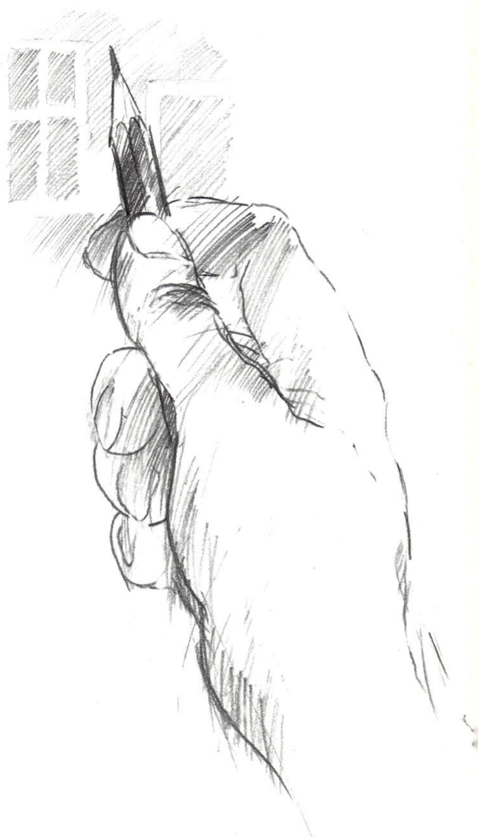

Die Entwicklung einer Bildkonzeption

Der dritte Schritt ist, entsprechend der Gliederung, die Entwicklung einer Bildkonzeption. Dazu gehört die Beantwortung der Frage nach einem angemessenen Format, nach dem Ausschnitt, dem Blickwinkel, Standort, nach der Komposition, den Richtungen, Gewichtungen, Spannungen und so weiter. Manches davon habe ich bereits im Kapitel „Landschaften malen – . . . dargestellt.

dazu bemerkt Alfred Hrdlicka: „So lieb ist der liebe Gott nun auch wieder nicht, daß er dem, der keinen Inhalt hat, die Form schenkt."

Warum gerade dieses Motiv?

Bevor allerdings derart konkrete Dinge behandelt werden, stellt sich im Zusammenhang mit diesem dritten Schritt die grundsätzliche Frage danach, warum das Bild überhaupt gemalt werden soll. Wenn Sie darüber gründlich nachdenken, werden Sie feststellen, daß die Beantwortung dieser Frage sogar die Voraussetzung für die Entwicklung Ihrer Bildkonzeption darstellt. Es geht hier nämlich darum, daß Ihnen folgendes bewußt sein sollte: Es reicht als Grund nicht aus, daß Sie die abzubildende Landschaft, die Gegenstände, Menschen oder was auch immer schön finden. Ich erinnere noch einmal daran, daß Sie dann lieber zum Fotoapparat greifen sollten. Albrecht Dürer hat nämlich völlig recht, wenn er schrieb: „Darum nimm dir nimmermehr für, daß du etwas besser mügest oder wellest machen, denn es Gott seiner erschafenen Natur zu würcken Kraft gegeben hat." Und selbst es genauso oder ähnlich gut machen zu wollen, ist – Sie erinnern sich an das Zitat von August Macke – „zwecklos".

Eine besondere Sichtweise

Ein Kunstwerk ist immer noch etwas anderes als das Bemühen, die Natur, so wie sie ist, wiederzugeben. Der Künstler, oder besser jeder, der ein Bild malen will, sollte in dem oder aus dem heraus, was er malen will, eine Idee entwickeln, eine besondere Sichtweise; er sollte eine Gestaltungsabsicht verwirklichen wollen – jedenfalls etwas, was über das in der Situation Sichtbare hinausgeht, was vielleicht tiefer geht, was sie verändert, neu interpretiert, . . . Möglicherweise erschließt sich Ihnen das Besondere auch erst in der ersten Vorstufe zu Ihrer praktischen Arbeit, die Sie daher unbedingt mit Skizzen beginnen sollten. Doch dazu später mehr.

Muß ich zeichnen können?

Für eine derartige Planung, für das Finden einer Idee und Bildkonzeption, gibt es keine Rezepte. Daher müssen auch Sie selbst her-

Daß Kunst sich nicht im Nachmachen der Realität erschöpft, habe ich bereits deutlich gemacht. Auf dieser Doppelseite sehen Sie zwei Aquarelle, die jedes für sich seinen Reiz und seine Bedeutung haben. Die beinahe konventionelle – aber trotzdem interessante – Darstellung rechts dürfte allgemeine Zustimmung finden

ausfinden, wie Sie am besten vorgehen wollen. Auf einen Punkt möchte ich aber noch genauer eingehen.
Manche Kursleiter glauben, daß ein Lernender zuerst einmal zeichnerisch arbeiten muß oder daß er die perspektivische Darstellung beherrschen muß. Beides trifft nicht zu. Zum einen ist es von der Gestaltungsabsicht abhängig, ob die Objekte überhaupt perspektivisch richtig erfaßt werden müssen (bei bestimmten Bildkonzeptionen kann so etwas sogar störend wirken). Zum anderen unterscheiden sich grafische und malerische Ausdrucksformen so stark, daß die einen nicht Voraussetzung für die anderen sein können.

Skizze

Auch wenn Sie kein großes Zeichentalent mitbringen: Gewöhnen Sie sich unbedingt an, Ihr Motiv zunächst als Skizze festzuhalten; und zwar noch nicht auf dem Aquarellpapier, sondern zum Beispiel auf einem Skizzenblock. Auch wenn ich auf Seite 88 schon genauer darauf eingegangen bin – hier sei es noch einmal wiederholt: Versuchen Sie schon vor dem Malen, mehrere Varianten durchzuspielen, und entscheiden Sie sich erst dann für die Möglichkeit, die Sie am meisten anspricht. Hinzu kommt, daß Sie beim Zeichnen lernen, genauer hinzusehen.

Wie gehe ich an das Motiv heran?

Sie haben sich also für ein Motiv entschieden, haben es nicht nur oberflächlich „abgehakt", sondern tatsächlich angesehen (Phase 1). Außerdem wissen Sie nun schon, was Sie an dem Motiv so reizt, was das Besondere ist; Sie haben das Objekt verstanden (Phase 2).
Nun konzentrieren Sie Ihre Gedanken darauf, wie Sie das Motiv in ein Bild umsetzen wollen: Sie entwickeln eine Idee davon, warum Sie gerade dieses Motiv wählen und Sie entwickeln eine genauere Bildkonzeption, die Ihnen sagt, auf welche Weise Sie das Motiv umsetzen wollen (Phase 3), also etwa wie realitätsnah es später werden soll.
Noch bevor oder während Sie also mit dem Skizzieren verschiedene Möglichkeiten erproben, gibt es eine ganze Reihe von Fragen zu klären. Die wichtigsten davon werde ich, obwohl sie auch in vorigen Kapiteln hin und wieder anklangen, auf den folgenden Seiten ausführlich vorstellen. Zum Beispiel geht es um die Frage des Standpunkts (Entfernung zum Objekt, Horizont), um das Format, den Ausschnitt, um Komposition und Kontraste, um Farbwirkungen und nicht zuletzt um die Wahl des Papiers. Im Blickfeld stehen also die gestalterischen Mittel, die Ihnen helfen, Ihr Motiv so in Szene zu setzen, daß den Betrachter das fertige Bild interessiert.

Lassen Sie sich aber auch auf dieses Bild vorurteilsfrei ein. Versuchen Sie den Reiz kompositorischer Gliederungen, von Richtungen, Beziehungen, von Harmonien und Spannungen zu spüren. Je länger Sie sich damit befassen, desto deutlicher wird Ihnen, daß diese Reize nichts mit der Frage nach der wirklichkeitsgetreuen Abbildung zu tun haben; vor allem auch nichts damit, ob die räumliche Tiefe angemessen deutlich gemacht ist

Nur ein Motiv, aber jeweils aus einem anderen Abstand dargestellt. Die Nähe zum Gebäude in der unteren Skizze bringt seine Trutzhaftigkeit viel eindringlicher zum Ausdruck als auf dem Bild darüber

Entfernung zum Motiv

Die Frage nach der Nähe zum Objekt ist, wie die nach dem Blickwinkel, eine des Standpunkts. (Wobei das nicht bedeutet, daß man den Betrachterstandpunkt auch tatsächlich körperlich einnehmen muß.) Was sich zunächst simpel anhört, hat aber einen ganz enormen Einfluß auf die Wirkung des Bildes. Auf diese – und übrigens auf die meisten vergleichbaren – Fragen gibt es jedoch weder rezepthafte noch beliebige Antworten. Sie stehen nämlich immer in unmittelbarem Zusammenhang mit Ihren Gestaltungsabsichten. Betrachten Sie die Skizzen einer alten portugiesischen Burg. Unabhängig davon, welche Ihnen besser gefällt, dürfte unbestritten sein, daß die untere Abbildung eher den Charakter einer wehrhaften, mächtigen Burg trifft.
Die linke Skizze dagegen zeigt eine stereotype Bildlösung. Sie drückt zwar die lagernde Ruhe des Gebäudes aus, (die durch die Horizontalgliederung im Vordergrund noch verstärkt wird), auch den sinnfälligen Kontrast zwischen Gewachsenem und Gebautem – dem Wesentlichen des Gebäudes wird diese Bildlösung ansonsten aber nicht gerecht. Obwohl im unteren Bild die Lage der Horizontlinie gleich ist, macht diese Skizze durch ihre perspektivische Dynamik die Mächtigkeit und Trutzhaftigkeit des Gebäudes deutlich. Damit verändert sich die diffuse Bedeutung (links könnte auch eine Lagerhalle oder ähnliches abgebildet sein); wir „erleben" eine konkrete Festschreibung des Gebäudes als Burg.

Horizonthöhe

Wohin lege ich die Horizontlinie in meinem Bild, aus welchem Blickwinkel betrachtet gebe ich die Objekte wieder? Das sind die beiden Fragen, die miteinander zusammenhängen. Natürlich ist die Höhe des Horizonts eigentlich von Ihrer Augenhöhe abhängig. Wenn Sie (auf einem höheren Punkt) stehen und geradeaus schauen, müßte sie weit oben im Bild sein. Wenn Sie auf dem Boden liegen, würde sich der Horizont (auch wenn er verdeckt wäre) in der Nähe der unteren Bildkante befinden. Im Abschnitt über die Landschaftsmalerei habe ich aber bereits auf die Legitimität des Spiels mit dieser Linie hingewiesen. Alle derartigen Gesetzmäßigkeiten dürfen natürlich und sollen sogar daraufhin überprüft werden, ob und inwieweit sie im Einzelfall der beabsichtigten Gestaltung dienen. Gegebenenfalls müssen sie abgewandelt, vielleicht sogar ignoriert und ins Gegenteil verkehrt werden. In jedem Fall sollten Sie phantasievoll und spielerisch mit den hier aufgelisteten veränderbaren Bedingungen umgehen.

Blickwinkel

Wieso beispielsweise werden fast alle Stilleben aus einem gleichen Blickwinkel betrachtet abgebildet, so als sei dieser Standpunkt dem Maler verpflichtend vorgegeben? (Blättern Sie daraufhin ein paar Kunstbücher durch, oder schauen Sie sich entsprechende Originale an; Sie werden erstaunt sein, wie stereotyp damit umgegangen wird. Insbesondere im Bereich der Hobbymalerei.)

Die Vorstellung davon, wie ein Bild aussehen soll, ist ganz stark von den Bildern geprägt, die man im Laufe seines Lebens gesehen hat. Und wenn man die Einfallslosigkeit sieht, mit der man auf vielen Ausstellungen, auf Postkarten und in Büchern konfrontiert wird, müssen die meisten Bilder wohl ziemlich platt gewesen sein. Was es schwer macht, diese Bedingtheit aufzubrechen, ist die Tatsache, daß derartig gewachsene Sichtweisen weitgehend unbewußt in die eigene Arbeit und auch in die Beurteilung anderer Bilder (!) einfließen.

Wenn Sie sich ernsthaft mit Kunst auseinandersetzen wollen und vor allem, wenn Sie selbst Bilder malen wollen, müssen Sie solche stereotypen Orientierungen aufgeben! Seien Sie flexibel! Wenn Sie zum Beispiel ein Stilleben malen wollen, sollten Sie sich auch fragen, ob die ewig gleiche Blickrichtung (so ähnlich wie im mittleren Bild) wirklich die interessanteste Ansicht darstellt. Probieren Sie stets verschiedene Sichtweisen aus.

Ein Stilleben, aus drei verschiedenen Blickwinkeln gemalt. Das Beispiel in der Mitte gibt eine Sichtweise wieder, wie sie uns sehr häufig begegnet. Das untere Bild zeigt dagegen einen Blick fast von oben, und bei der oberen Variante schauen Sie sogar ein wenig von unten zum Motiv hin

Ausschnitt

Ein ganz entscheidender Gesichtspunkt bei der Gestaltung eines Bildes ist die Wahl des Ausschnitts. Er hat zum einen mit dem Abstand von den abzubildenden Dingen zu tun: Wenn man nah ans Motiv herangeht, wird der Ausschnitt zwangsläufig kleiner – obwohl man nicht unbedingt tatsächlich auch dort, dicht davor, sitzen muß. Zum anderen ist aber auch die Entscheidung, wie man die Dinge aus dem größeren Zusammenhang heraustrennt, von bildbestimmender Bedeutung. Der Begriff Ausschnitt verweist darauf, daß es sich dabei nicht um die Isolierung begrenzter Elemente handelt, sondern um massive Eingriffe, um Schnitte. Die Gegenstände werden „unvollständig". Die dabei entstehenden Anschnitte erzeugen Spannungen. Gerade die fehlenden Spannungen sind es aber, die manche Aquarelle mit ihren freigestellten Motiven so kraftlos, gleichsam schwebend und in Watte verpackt erscheinen lassen.

Adelheid Diedrich
ohne Titel
1988
Gerade der extreme Ausschnitt macht das Bild interessant

das nicht-angeschnittene, sonst aber gleiche Motiv wirkt spannungslos und uninteressant

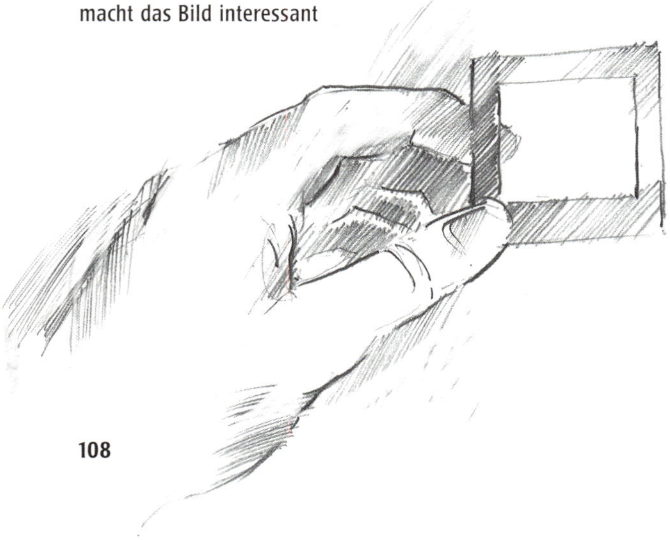

ein Diarähmchen kann eine wertvolle Hilfe bei der Bestimmung von Bildausschnitt, -abstand und -format sein

Formatwahl

Der Begriff „Format" bedeutet zweierlei: erstens die Größe des Papiers und zweitens das Verhältnis von Höhe und Breite, also auch, ob es sich um ein Hoch- oder ein Querformat handelt.

Sie sollten diesen letzten Gesichtspunkt nicht als untergeordnet abtun! Auch in bezug auf die Größe des Papiers werden immer wieder höchst fragwürdige Aussagen gemacht. So wird behauptet, daß ein Aquarell maximal durchschnittliche Bogenformate (also etwa 50 × 70 cm) gestattet. Oder umgekehrt, daß ein Bild erst ab einer bestimmten Größe den Anspruch haben kann, ein Kunstwerk zu sein. Beides ist Unfug!

Natürlich verlangen größere Formate eine andere Handhabung des Materials. Aber schon die Tatsache, daß viele Hersteller Aquarellbogen im Format größer als 50 × 70 cm anbieten und beste Aquarellpinsel bis zur Stärke 24 üblich sind, läßt vermuten, daß diese Grenze recht willkürlich gesetzt ist. Grundsätzlich kann man natürlich sagen, daß größere Formate ein freieres Arbeiten ermöglichen. (Deswegen sollten im Prinzip keine kleineren Formate als beispielsweise 24 × 32 cm oder besser 30 × 40 cm verwendet werden.) Bei kleinen Formaten arbeiten Sie (meist) im wesentlichen mit der Feinmotorik der Finger, gegebenenfalls kann auch „aus dem Handgelenk heraus" gearbeitet werden. Schwungvolles Arbeiten, das den ganzen Arm mit einbezieht, ist eigentlich erst bei wirklich großen Formaten möglich.

Da aber ein Zusammenhang von Feinmotorik und Intellekt sowie Grobmotorik und Emotionalität besteht (nicht von ungefähr wird die Intelligenzentwicklung von Kindern beim Schulreifetest anhand einer Einschätzung der Entwicklung der Feinmotorik beurteilt), hat das gewählte Format ganz erheblichen Einfluß auf den Charakter des Bildes. Bei welcher Gestaltungsart dabei Kunst herauskommt, ist aber keinesfalls im voraus zu sagen.

Als negativ formulierte Orientierung läßt sich aber folgendes feststellen: Bei sehr kleinen Formaten ist die Gefahr pingeliger und „bildchenhafter" Produkte gegeben, und beim Arbeiten auf sehr großen Bogen ist der Anfänger manchmal schnell überfordert. Dafür ist nämlich eine gewisse Souveränität im Umgang mit dem Material erforderlich, die meist noch nicht vorhanden ist. Souveränität kommt aber vom Üben – lassen Sie sich also keinesfalls davon abhalten, großformatig zu malen. Nur haben Sie keine allzu hohen Erwartungen an sich und Ihre Bilder, sonst sind Sie nachher frustriert und lassen die Malerei sein.

Die unterschiedlichen Formate (hoch oder quer) charakterisieren die Situation auf jeweils andere Weise. Auch wenn die mittleren Bäume im linken Bild auf einer kleinen Anhöhe stehen, kommt nicht zum Ausdruck, wie steil die topografische Situation wirklich ist. Die Baumkronen beschreiben einen ruhig geschwungenen Bogen, der ihrem Standort auf dem Hügel entspricht. Bei dieser Skizze könnten die äußeren Kronen zu kleineren Bäumen gehören. Darüber hinaus wirkt das Querformat ohnehin recht wenig dramatisch und strahlt so etwas wie Ruhe aus.

Erheblich dynamischer wirkt das untere Bild: Die Baumkronen befinden sich unvermittelt, fast bedrohlich am oberen Bildrand. Dort sind sie zwar auch im linken Bild, hier wirken sie aber höher. Die gesamte Situation wird durch die Wahl des Hochformats eindrucksvoller gestaltet und entspricht damit viel mehr dem Ausdruckspotential der realen Situation

Eine Komposition entwickeln

Zweifellos sollten Sie die Frage nach einer geeigneten Komposition nicht erst in dieser dritten Phase stellen. Eine kompositionelle Idee sollte bereits bei der ersten Auseinandersetzung mit dem Motiv entwickelt werden, also bereits, wenn es um das Sehen und Verstehen der gewählten Gegenstände oder des Themas geht.

Natürlich wird sich eine solche Vorstellung von Aufbau und Gestaltung des Bildes immer wieder verändern. Diese Veränderungen sind völlig legitim und stellen sogar einen wesentlichen Teil des kreativen Prozesses dar. Ihnen sollte aber bewußt sein, daß das „Bild an sich" (siehe auch Seite 116), also das, was unabhängig von den abgebildeten Objekten zu sehen ist, eine eigenständige und beachtenswerte Größe darstellt.

Um das an einem Beispiel aus der Praxis zu verdeutlichen:

Bei einem Stilleben ist es nicht nur wichtig, daß zum Beispiel die roten und grünen Gefäße treffend abgebildet werden; vielmehr ist für die Qualität des Bildes mindestens ebenso entscheidend, daß auch die Anordnung der farbigen Flächen selbst – also ganz unabhängig davon, ob es nun Äpfel oder Gefäße sind – eine gelungene Komposition ergeben.

Eine gelungene Komposition – was ist das?

Ist es wirklich so, wie oft behauptet wird, daß es darauf keine verbindliche Antwort gibt, daß in diesem Zusammenhang immer nur von persönlichem Geschmack und individuellen Beurteilungen geredet werden kann? Wohl kaum! Der französische Maler Fernand Léger schrieb dazu: „Der Komposition hat sich alles unterzuordnen. Damit die Linien, Formen und Farben ihr Höchstmaß an Ausdruck erreichen, müssen sie mit strenger Logik in die Bildrechnung eingesetzt werden." Der Brockhaus definiert Komposition als „wohldurchdachte Anordnung". Und was soll denn bedacht werden, wenn es doch nur subjektives Empfinden wäre, was die Gestaltung ausmacht? Zwar kann ich mich hier nicht ausführlich mit Kompositionsregeln befassen, es dürfte aber anhand der Abbildungen deutlich werden, daß immerhin die einfache Zusammenstellung simpler Formen bei fast allen zu sehr ähnlichen Beurteilungen führt.

Die Bildkomposition wird – wie Sie sehen – von der Größe und Anordnung der Elemente bestimmt. Ohne hier darauf eingehen zu können, muß ergänzend die Form dieser Elemente als ein weiterer, auf die Komposition einwirkender Faktor erwähnt werden. Außerdem wird sie natürlich ganz wesentlich von der Farbe beeinflußt.

Harmonisch, aber nicht sonderlich spannend

Heruntergesackt und schwebend

Harmonisch, aber fad (trotzdem sind so die meisten Stilleben angeordnet)

Komposition kippt nach rechts

Isoliert, bedrohlich

Spannende Diagonalkomposition, dynamisch

Ausgeglichene Diagonalkomposition

Ausgeglichene Komposition, eher verhalten und abfallend als harmonisch oder dynamisch

Kontraste

An anderer Stelle wurde schon darauf hingewiesen, daß unser ästhetisches Empfinden in hohem Maße von der Wahrnehmung von Kontrasten geprägt ist. Unsere Aufmerksamkeit erregen und als reizvoll erleben wir Gegenüberstellungen von klein-groß, hell-dunkel, schwach-stark, kurz-lang und so weiter. Solche Gegensätze bestimmen die Komposition eines Bildes. Kontraste und Kontrastwirkungen lassen sich auch in bezug auf Farben beschreiben. Im Rahmen eines Buches über Aquarellmalerei sind davon allerdings nur Andeutungen möglich. Wollen Sie sich intensiv damit beschäftigen, ist die „Kunst der Farbe" von Johannes Itten (von 1961) noch immer eines der wichtigsten Bücher dafür. In bezug auf Farben unterscheidet Itten sieben Kontrastwirkungen, etwa den Kalt-Warm-Kontrast und den Komplementär-Kontrast.

Die Einschätzung warmer oder kalter Farben wird von subjektiven Faktoren und vom farbigen Umfeld beeinflußt. Zweifelhafte Zuordnungen betreffen allerdings nicht alle Farben. Gelborange, Orange und Rot werden wohl allgemein als warm, Blaugrün, Blau und Violett als kalt empfunden. Bilder, die weitgehend vom Zusammenspiel warmer und kalter Farben leben, wirken oft leicht, heiter und vital. Rechts oben ist eine solche Farbzusammenstellung zu sehen.

Komplementäre Farben stehen sich auf dem Farbkreis gegenüber. Es sind also zum Beispiel die Paare Gelb und Violett, Rot und Grün (Beispiel rechts unten) sowie Blau und Orange. Es müssen aber nicht diese Primär- und Sekundärfarben sein: Jede Farbe bildet mit der auf dem Farbkreis gegenüberstehenden ein solches Paar. Miteinander gemischt, das haben Sie in dem Abschnitt über Farbe gelernt, löschen sie sich aus, vergrauen sie. Nebeneinander gesetzt steigern sie sich gegenseitig zu höchster Farbwirkung. Zweifellos erzeugen diese besonderen Farbzusammenstellungen ganz erhebliche Spannungen im Bild. Daß die Anwendungsmöglichkeiten derartiger Gestaltungsprinzipien nicht nur auf solche Übungen beschränkt sind, wie sie hier abgebildet sind, läßt sich in den Werken bedeutender Künstler ebenso entdecken, wie sie in die eigenen Bilder mit einzubeziehen sind. Beachten Sie, daß bei allen Kontrastwirkungen auch das Mengenverhältnis der einzelnen Elemente wichtig ist (also etwa wenig warme zusammen mit viel kalter Farbe).

Das obere Stilleben bezieht seine Wirkung fast ausschließlich aus den Spannungen und Reizen, die sich aus dem Kalt-Warm-Kontrast ergeben. Da aber die warmen und kalten Farben mengenmäßig fast gleichgewichtig sind, das Gelbgrün überdies noch eine Art Brücke zwischen beiden darstellt, wirkt das Ganze eher harmonisch als besonders spannungsreich. Außerdem ergibt sich – und das trotz der Flächigkeit der Bildanlage – aus der Zuordnung der Farben zu den Gegenständen die Illusion von Tiefe. Viel härter sind die Kontraste im unteren Bild. Unmittelbar stehen sich die komplementären Farben gegenüber. Das Rot ist zwar rein mengenmäßig unbedeutender, es wird aber durch das massive grüne Umfeld derartig verstärkt, daß es förmlich aus dem Bild herausspringt

Schon an einfachen, gegenstandsfreien Skizzen lassen sich Farbkontraste in ihrer Wirkung gut darstellen. Obere Skizze: Kalt-Warm-Kontrast, darunter der Komplementärkontrast

Gegenstandsfarben

In diesem Kapitel soll erst einmal davon ausgegangen werden, daß Sie sich mit Ihrer Farbwahl weitgehend an die Farben der Objekte, die Sie abbilden, halten wollen. Diese Farben bezeichnet man als die Gegenstands-, Lokal- oder Körperfarben. In den Bildern von Anfängern ist oft eine Überbetonung dieser Farben zu beobachten, das heißt, daß die Flächen, die die Objekte darstellen, mit den jeweiligen Farben ausgefüllt sind, ohne daß die anderen Farben im Bild dabei berücksichtigt wurden. Meist sind das dann auch noch stark gesättigte Farben, die obendrein oft genug direkt aus den Näpfchen kommen. Modellierungen und Schattierungen sind selten, und wenn sie auftauchen, wurden sie in der Regel nur durch Mischen der Lokalfarben mit Schwarz erzielt. Nicht nur, daß ein solches Bild farblich auseinanderfällt und unnatürlich wirkt – trotz aller, womöglich sogar aufwendiger Bemühungen, die Farben der Gegenstände exakt zu treffen: Sondern vor allem ignoriert dieses Vorgehen auch die Bedeutung der Farben im Bild.

Ein ockerfarbener Würfel steht auf einem Stück grünen Karton, ein anderer neben einem rotbäckigen Apfel. Da Farben durch die Reflexion des Lichts von der Oberfläche eines Gegenstandes sichtbar werden, erscheinen die Würfel wie von farbigem Licht angestrahlt (faktisch sind sie es tatsächlich auch!). Je schwächer die Eigenfarbe eines Gegenstandes ist, um so stärker fällt diese Wirkung auf – im Bild muß sie in jedem Fall berücksichtigt werden

Farben im Bildzusammenhang

Farben wirken im Bild in mehrfacher Weise. Sie haben erst einmal eine Wirkung an sich. Das heißt, sie wirken kalt, warm, nah, fern, aktiv, passiv, fröhlich, traurig, aggressiv, friedlich . . . Darüber hinaus wirken sie in der Zusammenstellung anders als isoliert. Sie bilden angenehme Klänge oder Dissonanzen. Aber sie beeinflussen sich nicht nur in dieser Hinsicht gegenseitig, sondern auch dadurch, daß sie sich auch im physikalischen Sinne verändern.

Farbe ist, wie Sie vielleicht noch aus dem Schulunterricht wissen, durch Reflexion sichtbar. Wir nehmen also das als Farbe wahr, was von einem Gegenstand reflektiert wird. Es handelt sich also praktisch um farbiges Licht. Fällt dieses Licht nun auf einen andersfarbigen Gegenstand, mischen sich die Farben zwangsläufig. Der französische Maler Eugène Delacroix stellte dementsprechend bereits am Anfang des 19. Jahrhunderts fest, daß in der Natur alles Reflexion sei. Keine Farbe kann also in einem Bild wirklich isoliert, völlig unbeeinflußt von anderen sein. Und genau das macht die scheinbar natürliche Wirkung von manchen Bildern aus: Die Farben sind aufeinander abgestimmt, und sie erscheinen – selbstverständlich in unterschiedlicher Menge und Sättigung – netzartig über die gesamte Bildfläche verteilt.

Zu Recht stellen Sie nun die konkrete Frage, wie man eine natürliche Farbatmosphäre in seinen Bildern erzielen kann.

Eine natürliche Farbatmosphäre

1. Als Vorübung und Ausgangspunkt sollten Sie immer wieder weitgehend monochrome (einfarbige) Bilder malen. Die Technik haben Sie bereits im Abschnitt über die Landschaftsmalerei kennengelernt. Nun sollten Sie aber Schritt für Schritt die Einfarbigkeit verändern. Ich empfehle zwei Vorgehensweisen:

a) Nehmen Sie den gewünschten Farbton nicht direkt aus dem Näpfchen, sondern mischen Sie ihn an. Beim Farbauftrag dürfen dann die beteiligten Ausgangsfarben in leicht veränderten Mischungsverhältnissen erscheinen. Die dadurch entstehenden Töne pendeln dann praktisch spielerisch um die neutrale Mitte herum.

b) Wählen Sie eine Hauptfarbe, und mischen Sie so zart, daß es auf den ersten Blick kaum auffällt, eine oder zwei (auf dem Farbkreis möglichst benachbarte) Farben dazu.

2. Benutzen Sie eine harmonisierte, eingeschränkte Palette. Kontraste bewirken Spannungen. Harmonisierung bedeutet, daß Kontraste vermieden oder ausgeglichen werden müssen. Wählen Sie also eher benachbarte Farben als komplementäre. (Schauen Sie sich daraufhin noch einmal den Farbkreis auf Seite 19 an: Benachbarte oder analoge Farben sind die, die sich auf einer Seite des Kreises befinden.)

Obwohl die Bezeichnungen für die Verfahren, wie sie unter 1. und 2. beschrieben sind (auch wenn sie häufig benutzt werden), ebenso wenig eindeutig festgelegt sind, wie das bei den Begriffen für Aquarelltechniken der Fall ist, sollen sie der Vollständigkeit halber erwähnt werden.

Man bezeichnet diese Methoden, bei denen es im wesentlichen darum geht, Bilder mit differenzierten Abstufungen nur einer oder weniger analoger Farben zu malen, als Ton- oder Tonwertmalerei. Auch der Begriff Valeursmalerei wird in diesem Zusammenhang verwendet. Bei diesem Verfahren entstehen Bildspannungen – um das noch einmal hervorzuheben – durch Hell-Dunkel-Kontraste, anstatt durch Farbkontraste.

3. Wenn Sie mit einer breiteren Palette arbeiten, also auch Komplementärfarben verwenden wollen, denken Sie unbedingt daran, immer die gesamte Bildfläche im Blick zu haben.

Betrachten Sie in diesem Zusammenhang das zweite Bild auf der nächsten Seite: Das Gelb taucht links und rechts im Blattwerk der Bäume sowie im Schilf in der unteren Bildmitte auf. Blauviolett sieht man oben im Himmel, als Schattenfarbe im Laub der Bäume (auch der Tanne rechts), an den Baumstämmen und im Schilf unten links.

So balancieren sich die Farben gegenseitig aus, sie entwickeln ein Beziehungsgefüge und schaffen dadurch etwas, was man als ein spannungsreiches Gleichgewicht bezeichnen kann.

Anhand der beiden nebenstehenden Aquarelle möchte ich auch an dieser Stelle auf die doppelte Funktion der Bildelemente verweisen: Auch die Farbe dient (vielleicht sogar in besonderer Weise) der Charakterisierung der abgebildeten Gegenstände, sie hat aber gleichzeitig rein bildbezogene Bedeutung. Für die erste Funktion stehen diese Bilder, für die zweite die beiden Landschaftsaquarelle auf der nächsten Seite.

Hier bestand die Aufgabe für die Kursteilnehmer darin, die Schwarzweißkopie des Bildes von Fouquier (siehe Seite 92) einmal in ein freundliches, warmes Bild (unten) und einmal in eines mit einer kalten Grundstimmung (oben) zu übersetzen. Dabei sollte nichts durch kahle Bäume, Schneestürme oder ähnliches „erklärt", sondern nur durch Farben ausgedrückt werden

Im oberen Bild wurde eine analoge Farbgestaltung gewählt: Im wesentlichen sind es Gelb- und Orangetöne, mit Farbbrechungen durch zartes Grauviolett. Darunter die gleiche Landschaft (nach Fouquier), diesmal eine verhalten komplementäre Farbgestaltung mit eingeschränkter Palette. Es wurden bis auf geringfügige Zumischungen lediglich gelbe und violette Farbtöne (die einen Komplementärkontrast bilden) und die auf dem Farbkreis dazwischen liegenden Mischungen verwendet

Bewußt eine Farbwahl treffen

Übersehen Sie bitte nicht die Abbildungen unten. Sie erscheinen nur auf den ersten Blick so, als hätten sie nichts mit Ihrer Malerei zu tun. Da es aber darum geht, daß Sie die Farbe Ihrer Bilder bewußter auswählen sollten, wird hier die im Text beschriebene harmonische, eingeschränkte Farbpalette in zwei beispielhaften Zusammenstellungen abgebildet.
Die erste Reihe zeigt fast nur gebrochene Farben, als reiner Ton tritt nur Gelb auf. Auf der Abbildung daneben (sie stellt einen stark vereinfachten Farbkreis dar) ist das dadurch verdeutlicht, daß sich die meisten Farben nicht direkt auf der Kreislinie befinden; sie sind tatsächlich immer leicht mit den gegenüberliegenden Tönen abgeschwächt und wirken sehr verhalten. Auch wenn solche Beurteilungen immer sehr persönlicher Natur sind: Auf mich wirkt diese Zusammenstellung etwas trübe und melancholisch.
Die untere Reihe dagegen empfinde ich als heiter. Es sind weitgehend reine Farben, von Gelbocker bis Preußischblau. Trotzdem kann man auch diese Reihe als eingeschränkt bezeichnen, weil, wie Sie auf dem Farbkreis sehen, ein großes Segment, praktisch die Hälfte aller möglichen reinen Farben, fehlt.

Reichen diese Kriterien aus?
Die Kompositionslehre, die den großen Zusammenhang dieses Kapitels ab Seite 104 darstellt, umfaßt außer den hier beschriebenen Punkten natürlich noch eine ganze Reihe andere, durchaus nicht unwesentliche Aspekte. Nur können sie im Rahmen eines Buches, das die Grundlagen der Aquarellmalerei erörtert, nicht ausführlich behandelt werden. Sie bleiben einer Veröffentlichung vorbehalten, die sich ausschließlich an Fortgeschrittene richten würde.
Glauben Sie nun aber bitte nicht, daß Ihnen deswegen ganz wichtige Voraussetzungen fehlen, um gute Bilder zu malen. Zweifellos hat der kompetente Umgang mit dem Material im Hinblick auf die einzelnen Gesichtspunkte (also zum Beispiel die Festlegung der Horizontlinie, die Entscheidung für eine bestimmte Farbatmosphäre und so weiter) wesentlichen Einfluß auf das Ergebnis. Bei der Malerei geht es aber in erster Linie um das Ganze des Kunstwerks – oder sogar um das Ganze des künstlerischen Prozesses. Beides ist in jedem Fall mehr als die Summe der beschriebenen (und erlernbaren!) Elemente. Auf den konkreten Gestaltungsprozeß bezogen bedeutet das auch, daß man das Ganze des Bildes während des Arbeitens im Blick haben sollte. Daher widme ich diesem wichtigen Aspekt ein spezielles Kapitel, das auf der nächsten Seite beginnt.

Die praktische Umsetzung der Bildkonzeption

Auf dem Weg zum Bild sind Sie nun schon weit vorangeschritten: Sie haben das Motiv gesehen und verstanden, haben zunächst erste Ideen zu seiner Besonderheit entwickelt und zuletzt schon eine genauere Konzeption für Ihr Bild entworfen. Nun beginnt die praktische Arbeit auf dem Aquarellpapier.

Welche Papiersorte wähle ich?
Diese Frage wurde schon weiter vorn geklärt. Die besonderen Eigenschaften des Papiers, vor allem seiner Oberfläche, müssen in stimmigem Zusammenhang mit der Bildidee und -aussage stehen. Sie beeinflussen die Wahl der Technik, oder sie werden umgekehrt aufgrund einer getroffenen Entscheidung für ein bestimmtes Verfahren gewählt.

Hier noch ein Beispiel für eine verhalten komplementäre Farbgestaltung mit eingeschränkter Palette. Sie besteht im wesentlichen aus Blau und Orange (die bildbestimmenden Komplementärfarben) sowie aus gebrochenen gelbgrünen und rotvioletten Tönen, die das zweite, deutlich schwächere komplementäre Farbpaar bilden

Vorzeichnung
Bevor Sie mit dem Malen beginnen, sollten Sie eine Vorzeichnung anlegen. Sie soll sehr zart sein und lediglich die Hauptelemente der Komposition mit wenigen, knappen Linien markieren; später sollen sie nicht als grafische Elemente ins Auge springen. Gedacht ist solch eine Vorzeichnung als formale Stütze, als Orientierungsangebot, das freieres Arbeiten ermöglicht. Dagegen ist es völlig unangebracht, mit der Vorzeichnung ganz exakte Konturen festzulegen, die man dann nur noch ausmalen müßte. So etwas entspricht wohl eher dem Konzept von „Malen nach Zahlen" und damit einer der phantasielosesten und langweiligsten Methoden, um vermeintlich vorzeigbare Bilder zu produzieren.
Die manchmal empfohlene Vorzeichnung mit stark verdünnter Aquarellfarbe ist gerade für den Anfänger ungeeignet. Es gehört schon ein sehr gekonnter, besser: geübter Pinselstrich dazu, daß solch eine Zeichnung nicht eher kümmerlich aussieht und schließlich das Gesamtbild stört.

Die Ausführung
Das eigentliche Aquarellieren werde ich an dieser Stelle nicht mehr genau beschreiben, denn dazu dienten die Kapitel weiter vorn im Buch (Techniken) und auch noch die folgenden Seiten, die sich genauer mit dem „Bild an sich" und mit dem Ausdruck befassen. Der Vollständigkeit halber sei aber erwähnt, daß Sie nun endlich mit dem Malen des Bildes beginnen dürfen . . .

Sehen Sie sich in diesem Zusammenhang noch einmal das Bild von A. Macke auf Seite 14 an.

Um eine Farbkomposition in seinem Sinne zu verwirklichen, setzt er sich völlig souverän über die Bleistiftzeichnung hinweg

Das „Bild an sich“

Sie erinnern sich: ein Bild ist zuerst einmal eine Fläche, die durch grafische und malerische Elemente gegliedert ist

Es ist immer wieder zu beobachten, daß ein Bild in der Weise entsteht, daß irgendwo – meist mit den wichtigen und interessanten Bildstellen – begonnen und dann die Fläche Stück für Stück gefüllt wird. Das ist sicherlich das am wenigsten geeignete Verfahren, um gute Bilder zu malen! Bei einem derartigen Vorgehen verliert man allzuleicht das ganze Bild aus dem Blick.

Um den Sachverhalt begrifflich zu fassen, spricht man bei dem, was vordergründig, oberflächlich und spontan vom Bild wahrgenommen wird, vom „Bild an sich“ (was also nicht Bildaussage und auch nicht Technik ist).

Insofern ist das auch völlig ehrlich gemeint! →

Die Wiedergabe des Motivs kann unwichtig werden

Das „Bild an sich“ ist die Gesamtwahrnehmung dessen, was sich auf der Bildfläche abspielt. Es wird von den Farben, den Größenverhältnissen, den Richtungen, Spannungen, Kontrasten und so weiter beeinflußt. Seine Bedeutung läßt sich durchaus unabhängig vom Bildgegenstand, vom Motiv betrachten. So kann ein Bild als spannungsreich, reizvoll, vital, beeindruckend, schön . . . erlebt werden, ohne daß über Technik, Inhalt oder Aussage nachgedacht werden muß.

Dementsprechend sollte auch bei der Gestaltung vorgegangen werden. Denken Sie also nicht nur an die Gegenstände, die Sie abbilden wollen, sondern betrachten Sie zwischendurch immer wieder Ihr Aquarellbild als Ganzes.

Pierre-Auguste Renoir sagte, als er Paul Cézanne bei der Arbeit beobachtete: „Wie macht er es bloß? Er kann nicht zwei Farbtupfen auf die Leinwand setzen, ohne daß es ausgezeichnet ist.“ Er sagte also nicht: Er kann nicht zwei Äpfel auf die Leinwand malen, ohne daß es ausgezeichnet ist, sondern „zwei Farbtupfen“.

Achten Sie also immer darauf, was Sie auf der Bildfläche anrichten, nicht nur darauf, was Sie abbilden! Zwar kann es Ihnen passieren, daß durch diese zunächst ungewohnte Sichtweise die naturgetreue Wiedergabe ihres Motivs an Bedeutung verliert; Ihr Bild wird aber mit Sicherheit besser!

Marianne Hasselbring
Rainfarn
1989

Mehrere Betrachtungsebenen

Gewöhnen Sie sich an, Ihr Bild unter verschiedenen Gesichtspunkten zu betrachten und entsprechende Fragen zu stellen. Um dies ganz deutlich hervorzuheben: Die unterschiedlichen Betrachtungsebenen, die ich unten vorstelle, sind mehr als bloß analytische Hilfsmittel, mit denen man fremde Bilder begutachten kann. Sie stellen vielmehr eine ganz wesentliche Unterstützung für Ihre ganz persönliche Planung eines Bildes dar.
Die Betrachtungsebenen, die Fragen, die an ein Bild gestellt werden können, sind:

- Wie ist das Bild in technischer Hinsicht?
(Hier also: Ist das Aquarell gelungen?)
- Wie ist die Qualität des „Bildes an sich"?
(Also: Ist es in kompositorischer und farblicher Hinsicht gelungen, erscheint das Bild reizvoll, spannungsreich; macht es neugierig, sich länger damit zu beschäftigen . . .?)
- Wie ist die Ausdrucksqualität des Bildes?
(Reizt es mich, sagt es mir etwas, beunruhigt oder erfreut es mich, beschäftigt es mich emotional?)
- Stellt das Bild als Ganzes eine Einheit dar?
(Entspricht also die Technik der Aussage, stehen Bildaussage, Ausdruck und Komposition in einem angemessenen Verhältnis zueinander und so weiter?)

Zwei Beispiele

Bei beiden Aquarellen auf dieser Doppelseite bilden pflanzliche Motive den Ausgangspunkt der Gestaltung. Die Übersetzung, von der an anderer Stelle gesprochen wurde, zielte jedoch nicht auf die vordergründige und unmittelbar ablesbare Beschreibung des Gegenständlichen, also des Brombeergesträuchs oder das Rainfarns. Das Gestaltungsinteresse drängte in beiden Fällen vielmehr dahin, eine vitale Komposition zu schaffen, die von der Wuchsrichtung der Pflanzen, dem Spiel von Vordergrund und Hintergrund sowie der Lebendigkeit des Farbauftrags geprägt wird. Von erheblicher Bedeutung ist darüber hinaus – insbesondere im linken Bild – das spielerische Gewichten von Gemeintem, also den Pflanzen, und Nichtgemeintem, dem kaum verdeutlichten Hintergrund.

Auch in dieser Hinsicht sollten Sie Bilder betrachten und Ihre Bilder planen: Der Hintergrund sollte nicht bloß eine zufällig übriggebliebene Restfläche sein, deren Gestaltung völlig beliebig ist (so etwas ist ganz häufig in Stilleben zu sehen). Die Zwischenräume, Restflächen und der Hintergrund sind ganz wesentliche Bildräume, die belanglos und fad erscheinen können und das Bild als Ganzes abwerten. Oder sie haben kompositorische Bedeutung und stehen mit den „gemeinten" Bildgegenständen in einem spannungsreichen und die Bildwirkung steigernden Verhältnis.
Wie Sie sehen, kann es durchaus sinnvoll sein, die Bedeutung eines Motivs weit zurückzudrängen. Dies geschieht durch die subjektiv begründete Gewichtung der Bildelemente, der Stil- und Ausdrucksmittel. Ganz erhebliche Bedeutung muß in diesem Zusammenhang dem Farbauftrag beigemessen werden, dem ich mich noch einmal auf der folgenden Seite widme.

Christel Hasper
Brombeergesträuch
1988

„Handschriftlichkeit" des Farbauftrags

Im Kapitel „Der Umgang mit dem Pinsel" (siehe Seite 56) wurde bereits dargestellt, daß der Reiz eines Aquarells in ganz hohem Maße davon abhängig ist, in welcher Art und Weise die Farbe auf das Blatt gebracht wurde. Dabei kann es keinesfalls lediglich darum gehen, vorgegebene Flächen auszufüllen. Dem entsprechen zwar Hobbyvorstellungen wie „Malen nach Zahlen"; um aber wirklich gute Aquarelle zu malen, die in ihrer Durchsichtigkeit, Leichtigkeit und Heiterkeit immer auch den Entstehungsprozeß wenigstens ahnen lassen, bedarf es eines souveränen Umgangs mit dem Pinsel. Wie sicher Sie den Pinsel handhaben, betrifft zunächst den eher handwerklichen Aspekt. Dieser Gesichtspunkt wurde bereits erläutert, entsprechende Übungen habe ich empfohlen. Hier geht es nun darum, daß eine Art individueller Handschrift entwickelt werden sollte, also eine typische Art, den Pinsel zu handhaben.

Individuelle Spuren

So wie die Füße der Menschen unterschiedliche, individuell aber ganz typische Spuren hinterlassen, sollen Pinselspuren entstehen, die nicht nur oberflächlich reizvoll, sondern Ausdruck persönlichen, künstlerischen Wollens sind. Insofern stellen sie – gegenüber dem Handwerklichen – den eher künstlerischen Anteil des Farbauftrags dar.

Wolf Wrisch
Von der Terrasse des Hotels (Hvar) 1987

Zwei Beispiele

Die Abbildungen auf diesen Seiten zeigen Gestaltungen, deren Reiz im wesentlichen – neben der Farbigkeit – in der Art des Farbauftrags, in der individuellen „Handschrift" liegt. Der schraffierende beziehungsweise der fleckhafte Farbauftrag überzieht die gesamte Bildfläche und vermittelt dadurch eine gestalterische Geschlossenheit. Zwar bleibt der Eindruck der konkreten landschaftlich-inhaltlichen Situation erhalten; durch die Konsequenz und Intensität des Farbauftrags entsteht aber eine darüber hinausgehende Bildqualität.
Sie erinnern sich: Der Farbauftrag kann dazu dienen, die Gegenstände zu beschreiben, sie sogar in besonderem Maße zu charakterisieren, also etwa ihre Form, Oberfläche, Eigenschaften. Sehen Sie sich noch einmal das Bild von Seite 63 an, in dem sich die Richtung des Farbauftrags an den Gegenständen orientierte. Bei dem Bild links ging es mir aber um die Geschlossenheit der Darstellung. Das Motiv wurde zuerst in zarten großzügigen Flächen angelegt und dann in verdichteten Zonen in einer Art Schraffur ausgearbeitet. Dabei wechseln wässerige, großflächige Verläufe mit dichten Strichlagen und rhythmisieren so das Bild.
Im rechten Bild folgt der Farbauftrag im wesentlichen nur scheinbar der Form der Dinge. Zwar sind die Zaunpfähle ihrer Gestalt entsprechend kompakt angelegt, die Darstellung der pflanzlichen Elemente unterliegt aber in hohem Maße einer Veränderung durch das gestalterische Wollen. Sicherlich ist es auch unerheblich, ob irgendeine Pflanze ihre Blätter nach links oder nach rechts richtet; vielmehr wird die Wirkung des Bildes ganz erheblich vom lebhaft-lebendigen, fleckhaften Farbauftrag bestimmt.

Anne Greggersen
Zwischen den Gärten (Acsa)
1990

Lernfeld 3

AUSDRUCK

Ausdruck und Ausdruckssteigerung

Bilder beurteilen: objektiv – subjektiv?
Das Spiel mit den Möglichkeiten

Tricks und Kniffe

Ausdruck und Ausdruckssteigerung

Bilder beurteilen: objektiv – subjektiv?

Rückblickend läßt sich feststellen, daß ich Sie in diesem Buch bis hierher mit unterschiedlichsten Informationen, Beispielen und Aufgaben an zwei grundlegende Lernfelder heranführen wollte. Anfangs ging es hauptsächlich um den Umgang mit dem Medium Aquarell, also um das Erlernen der richtigen Technik. Der zweite große Abschnitt sollte vor allem gestalterische Kompetenz vermitteln. Sie sehen übrigens, daß diese Lernfelder weitgehend dem entsprechen, was im letzten Kapitel als erste und zweite Betrachtungsebene von Bildern dargestellt wurde. Beide zusammen haben einen ganz erheblichen Anteil daran, was ein gutes Bild ausmacht. Beiden ist gemeinsam, daß sie zwar nicht objektiv, aber – insbesondere wenn man sich intensiver mit der Materie befaßt – doch recht allgemeinverbindlich zu beurteilen sind. Ob ein Aquarell gelungen ist, läßt sich relativ eindeutig sagen, auch auf die Frage nach der Qualität einer Komposition, einer gelungenen Farbharmonie und so weiter, lassen sich noch viele übereinstimmende Antworten finden. Obwohl in diesen Bereich schon viel Subjektives einfließt.

Das Spiel mit den Möglichkeiten

Das dritte Lernfeld, das des Ausdrucks persönlicher Interessen, Gefühle und Ideen, ist naturgemäß in viel stärkerem Maße von subjektiven Beurteilungen geprägt. Das macht allgemeingültige Lernhilfen fragwürdig. Trotzdem entscheidet sich ganz wesentlich in diesem Bereich, ob ein Bild letztlich Kunst oder Handwerk ist.
Verstehen Sie mich nicht falsch, es geht nicht um die Abwertung des Handwerklichen. Ganz im Gegenteil! Insbesondere ein Buch wie dieses, das die Grundlagen einer Maltechnik darstellt, muß seinen Schwerpunkt in der Vermittlung handwerklicher Kompetenz haben. Nur macht dieser Bereich eben bloß einen Teil aus. Bezüglich der Aquarellmalerei gibt es aber viele Menschen, die glauben, daß es lediglich um die Perfektionierung der Technik ginge. Als wäre technische Virtuosität das einzig Wichtige, um ein gutes Bild zu malen! Und so werden sie in dieser Hinsicht zwar immer perfekter, vergessen aber völlig, daß sie eigentlich gar nichts zu sagen oder vielmehr zu zeigen haben.
Ich gebe zu, daß Zitate bedeutender Menschen oft dazu benutzt werden, um die eigenen Gedanken unangreifbar zu machen. Andererseits ist es faszinierend und irgendwie sogar beglückend, wenn eigene Ideen bei anderen, bedeutenderen Künstlern wiederzufinden sind. Darum möchte ich zwei Maler des 20. Jahrhunderts zitieren. Das erste Zitat haben Sie wahrscheinlich schon einmal gehört. Es stammt von Paul Klee und lautet: „Kunst gibt nichts Sichtbares wieder, Kunst macht sichtbar." Das zweite von Wassily Kandinsky: „Der Künstler muß etwas zu sagen haben, da nicht die Beherrschung der Form seine Aufgabe ist, sondern das Anpassen dieser Form an den Inhalt."
Um nun einen Inhalt, eine Aussage (die nicht unbedingt sichtbar sein muß) ausdrucksvoll darzustellen, gibt es verschiedene Möglichkeiten, von denen ich Ihnen die wichtigsten vorstellen möchte. Fast alle Aspekte wurden schon im Kapitel „Gestaltungsabsichten" behandelt, wenn auch unter etwas anderen Gesichtspunkten.

Anordnung, Ausschnitt und Größenverhältnisse

Sie wollen nun etwas Bestimmtes von einer Situation hervorheben, etwas Besonderes ausdrücken, wobei die Realität der Ausgangspunkt der Gestaltung ist. Dazu müssen Sie als Künstler versuchen, sichtbar zu machen, was sich nicht unmittelbar zeigt, was sich nicht

nur durch das Sichtbare (das ja bloß einen Teil unserer sinnlichen Eindrücke ausmacht) und was sich nicht jedem erschließt. Dazu darf, ja dazu muß das Motivische, die Realität verändert werden. Das betrifft die Anordnung der Gegenstände, den Bildausschnitt, die Farben und so weiter.
Im Bereich der Ausdruckssteigerung sind Rezepte natürlich äußerst fragwürdig. Die oben angedeuteten Empfehlungen sind nämlich nur sehr bedingt planbar.
Um noch einen weiteren Künstler zur Rechtfertigung der eigenen Gedanken heranzuziehen, sei hier Arnold Böcklin zitiert: „Ein richtiges Kunstwerk muß wie eine große Improvisation sein, das heißt Überlegung, Aufbauen, vorherige Komposition sollen nichts als Vorstufen sein, auf welchem das Ziel erreicht wird, welches dem Künstler selbst unerwartet erscheinen kann."
Es gibt also einen weiten Spielraum des Nichtplanbaren, was aber keinesfalls von der Notwendigkeit des Planens entbindet! (Sehen Sie sich dazu das Kapitel „Gestaltungsabsichten" an, besonders „Der Weg zum Bild" ab Seite 102.)
Und die Vermutung, daß genau an dieser Stelle die eigentliche gestalterische Schöpfung, das kreative Moment wirkt, ist sehr gut nachzuvollziehen.

Kurt Froese
Gegensätzliches
1990
Es ist völlig legitim, die tatsächlichen Größenverhältnisse zu verändern. Das Foto zeigt eine Situation, die stark von Kontrasten geprägt ist: Ein Schloß mit seinen recht verfallenen Nebengebäuden befindet sich unmittelbar neben einer Anhäufung von agrarindustriellen Einrichtungen. Unsere sinnliche Wahrnehmung vermittelt uns aber in der wirklichen Situation viel mehr als die scheinbar bedeutungslos kleinen Silos: Gestank, Lärm und Schmutz – all das ist aber auf einem Foto nicht zu sehen. Der Künstler ist nun in der Lage, den Mangel der fehlenden Reize auszugleichen, indem er den sichtbaren Teil so verändert, daß der Kontrast, das Störende, die Bedrohung deutlich wird.
Das Bild ist damit so etwas wie die weiter vorn zitierte „gutgelogene Natur" geworden. Die Größenverhältnisse stimmen zwar nicht, sie vermitteln aber viel eher den sinnlichen Gesamteindruck der Situation

Die bewußte Suche nach dem angemessenen Format, dem richtigen Abstand und dem vitaleren Ausschnitt sind – wie im vorangegangenen Kapitel ausführlich dargestellt – erste Schritte, um Bilder spannungsreicher und interessanter zu gestalten.
Nehmen Sie sich Zeit für diese Bildreihe, die jeweils das gleiche Motiv in ganz unterschiedlicher Art und Weise darstellt

Am wenigsten interessant wirkt die Skizze Nr. 2, von der sich bereits positiv die Version 3 abhebt (anderer Abstand, dadurch auch anderer Ausschnitt).
Im weiteren lassen sich die Gegenstände aber auch ganz neu arrangieren

Dadurch „kippt" im ersten Bild (links außen) zwar die Komposition, aber das ließe sich leicht durch eine darauf reagierende Farbgestaltung ausgleichen.
In jedem Fall entwickelt sich für das rechte Glas so etwas wie Bedeutsamkeit

Noch offensichtlicher wird der Bedeutungsaspekt im letzten Bild dieser Reihe. In devoter Untersicht ist es beinahe eine Art Andachtsbild für die Flasche, die, flankiert von den Gläsern, in jeder Hinsicht den würdevollen Mittelpunkt dieser Skizze darstellt

Das Spiel mit dem Blickwinkel

Im Alltagsleben ist das völlig klar: wenn Sie eine neue Sicht der Dinge haben wollen, brauchen Sie bloß Ihren "Blickwinkel" zu verändern

Sie sollten viel mutiger und neugieriger sein, wenn es darum geht, mit den gestalterischen Möglichkeiten und Bedingungen zu spielen. Die Skizzen und Bilder der letzten Seiten verdeutlichten das. Insbesondere auf das Spiel mit dem Ausschnitt, dem Abstand, dem Format, mit der Veränderung der Größenverhältnisse und dem „Umstellen" der Gegenstände wurde dort hingewiesen. Hier sehen Sie nun einen ungewöhnlichen Blick in die Krone einer Birke. Der vermeintlich „normale" Blickwinkel wurde verändert, und das macht das Bild – abgesehen davon, daß es als Aquarell sehr reizvoll ist – irgendwie spannend. Wenn Sie es sich allerdings länger anschauen, wird Ihnen wahrscheinlich klar, daß das Bild keineswegs aus einem ungewöhnlichen Blickwinkel gemalt wurde. Genauso haben Sie vermutlich schon oft in Baumkronen hinaufgeschaut, und daran fühlen Sie sich jetzt erinnert. Nicht der stereotype starre Blick in die Ferne, der fast alle Landschaftsbilder so langweilig erscheinen läßt, spricht uns nämlich an, sondern die Nähe und Vertrautheit der sinnlichen Erfahrung.

Es ist hier ähnlich wie bei dem Bild mit den veränderten Größenverhältnissen auf der vorigen Seite: Der Betrachter wird angesprochen, er wird nicht nur mit dem Bild, sondern gleichsam auch mit den sinnlichen Bedingungen der Entstehungssituation konfrontiert.
Er nimmt auf diese Weise am Erleben des Künstlers teil. Er nimmt Anteil. Solche Bilder schaffen keine Distanz zwischen dem Kunstwerk und dem Betrachter. Sie machen ihn statt dessen betroffen und beteiligen ihn am kreativen Prozeß.

Die Art des Farbauftrags

Eine andere veränderbare Bedingung, auch darauf wurde bereits hingewiesen, ist die Art des Farbauftrags. Bisher sind in diesem Zusammenhang aber lediglich formale Gesichtspunkte dargestellt worden. In diesem Kapitel soll es nun mehr um die Möglichkeiten der Ausdruckssteigerung gehen.
Blättern Sie noch einmal zurück auf Seite 63. Zwar entspricht die besondere Pinselhandhabung bei diesem Colleoli-Aquarell den jeweiligen Bildgegenständen (dort also den Gebäuden und der Vegetation) bereits in so hohem

Helga Neuber
Birke
1989

Maße, daß die formalen Eigenschaften in dieser Hinsicht durchaus auch Ausdrucksqualität haben. Sie bestimmt aber die Darstellung nicht so intensiv, wie es bei dem hier abgedruckten Bild der Fall ist. Bei der Stadtansicht von Melle sind nämlich Farbauftrag und Gestaltungsprinzip weitgehend identisch. Da die Facettierung, also die über die konkreten Formen hinausgezogene harte Kantenbetonung, und die Eckigkeit der Gebäude extrem dominant sind, lassen sie kein weiteres oder gar konkurrierendes Element zu. Der Reiz des Bildes liegt in der spielerischen Aneinanderreihung und Abwandlung sehr ähnlicher Formen und der konsequenten Wiederholung ihrer gestalterischen Umsetzung. Der sinnliche Reiz der baulichen Situation wird dadurch in ganz hohem Maße nachvollziehbar.
Walter Koschatzky schreibt in dem weiter vorn empfohlenen Buch „Die Kunst des Aquarells", daß die Wahl der gestalterischen Mittel bereits einen wesentlichen Teil des künstlerischen Schaffensprozesses darstellt. Er schreibt sogar, daß sie „mit der Mitteilung identisch" sind. Damit meint er nicht etwa nur die Wahl der Farben (also ob ein Bild zum Beispiel mit Öl- oder Aquarellfarben gemalt wird), sondern auch die Entscheidung für ein bestimmtes gestalterisches Vorgehen.

Das Spiel mit der Farbe an sich

Ein weiteres Element der bewußten Bildgestaltung – und demnach auch der Steigerung der Bildaussage – ist die Farbe selbst, also ihre Auswahl, Zusammenstellung, ihre Verteilung auf der Bildfläche und so weiter. Farbe erfüllt, wie andere Gestaltungselemente auch, mehrere Funktionen. Erstens soll sie natürlich dem Motiv, den abgebildeten Gegenständen entsprechen. Zweitens ist die Farbe ein wesentlicher Bestandteil der Bildkomposition, was gegebenenfalls zur Veränderung der Lokalfarben führen kann. Auch dieser Punkt wurde schon ausführlich dargestellt (siehe Seite 112).
Farbe hat aber auch als solche bereits einen stärkeren Einfluß auf den Bildausdruck. Denken Sie an das erwähnte Phänomen, daß Farbe kalt oder warm wirken kann. Die dementsprechende Bildgegenüberstellung, die sich an der Vorlage Fouquiers orientiert, ist weiter vorn abgebildet (siehe Seite 113). Die dritte Funktion ist demnach die Wirkung der Farbe an sich. Ihre bewußte Wahrnehmung und die angemessene Verwendung im Bild sind wichtige Lernschritte.

Jelena Reinert
Melle
1990
Jelena Reinert betont in ihrem Bild die Begrenzungen der Gebäude zusätzlich dadurch, daß sie die entsprechenden Linien weit über die Gegenstände hinauszieht. Nicht nur, daß sich dadurch gestalterische Rhythmen ergeben, die die Fläche, das „Bild an sich", facettenartig gliedern: darüber hinaus wird dadurch das Kantige und Harte der Bauformen stärker verdeutlicht, als wenn die Gebäude lediglich „so wie sie sind" abgebildet worden wären.
Das Aquarellbild vermittelt damit deutlich mehr als lediglich die Wiedergabe einer konkret benennbaren baulichen Situation. Es löst sich – trotz aller Erkennbarkeit des Gegenständlichen – vom bloßen Abbild und erhält verallgemeinernd durchaus sinnbildhafte Qualität

„Gegenstandslose" Farben

Bildausdruck muß nicht immer Ausdruck von etwas Konkretem, also beispielsweise von abgebildeten Gegenständen sein. Ebenso legitim wie die Gestaltung einer kalten oder warmen Landschaft ist die Gestaltung von Kälte und Wärme ganz allgemein. Dazu bedarf es keiner Gegenstände. Versuchen Sie, sich wenigstens zwischendurch immer wieder von der Darstellung von Gegenständen, Menschen oder Landschaften zu lösen, und malen Sie Bilder, die nicht mehr sein sollen als Farben, Formen, Bewegungen . . .

Ich lasse in meinen Seminaren zum Beispiel das „Fest der warmen Farben" malen. Wenn Sie dieses oder ähnliche Themen bearbeiten, werden Sie feststellen, daß es Ihnen einerseits sehr leicht fällt, sich auf das Wesentliche (die Farbe an sich) zu konzentrieren, weil der Zwang, etwas anderes, anscheinend Wichtigeres abbilden zu müssen, nicht vorhanden ist. Andererseits fällt die Bewältigung einer solchen Aufgabe auch schwer, weil nichts anderes da ist, um damit quasi erzählerisch das Thema zu vermitteln. Interessanterweise kommen bei dem oben genannten Thema ganz häufig Bilder heraus, die eher ein „Fest der heiteren Farben" darstellen. Versuchen Sie den Unterschied zwischen beiden herauszuarbeiten.

Petra Ackermann
Das Fest der warmen Farben
1990

Wolf Wrisch
Am Strand (Es Trenc, Mallorca)
1987

Mit Farben eine Stimmung ausdrücken

Weiter vorn wurde anhand des warmen und des kalten Landschaftsbildes (siehe Seite 113) die Wichtigkeit der genau zu treffenden Farbstimmung deutlich. Hier geht es nun aber um mehr: Die Farbe wird derart bildbestimmend, daß Gegenständliches im Grunde verzichtbar gewesen wäre. Die Stimmung erzwingt einen bestimmten Farbauftrag, die Farbe wird zum Träger umfassender sinnlicher Qualitäten. Die Situationen unten links und rechts (beide Aquarelle sind vor der Natur entstanden) sind unmittelbar nacherlebbar. Das naß-kühle Schmuddelwetter, der Matsch, der Schlick und die sich in Dunst und Regen auflösende Grenze zwischen Inselhorizont und Himmel sind so gegenwärtig, daß sie der gegenständlichen Erinnerungsstücke nicht bedürfen. Die Nordseeinsel ist ausdrucksvoll gestaltet und unverwechselbar, sie ist im Nichtkonkreten völlig anschaulich.

Auch die satte Sommerhitze der Mittelmeerinsel wird in erster Linie durch die Farbstimmung vermittelt. Das Aufeinandertreffen warmer Gelb-, Orange- und Rottöne mit kühlem Blau, Grün und Violett macht die Situation so sinnfällig. Stühle und Sonnenschirm sind eher auf Metaphern, auf Zeichen, gekürzt, als daß sie beschreibend ausgeführt werden. Eine präzise Darstellung hätte den Bildausdruck vermutlich abgeschwächt. Die Formen erinnern vielmehr an etwas, als daß sie als bestimmte Gegenstände Bedeutung hätten. Diese geht auch hier ganz entscheidend von der Farbe aus: Durch sie werden der warme Sand, die Kühle der Schatten und das Erfrischung verheißende Meer fast körperlich spürbar.

Almut Siefkens Zehle
Wangerooge
1986

Die Veränderung der Realität

Ich vermute, daß Sie erst einmal irritiert sind, wenn ich im Text das untere Aquarell in den Zusammenhang netter, aber belangloser Bilder stelle. Es besteht nämlich gar kein Zweifel, daß es im Hinblick auf die erste Bezugsgröße (Sie erinnern sich: die Frage danach, ob es als Aquarell gelungen ist) gar nicht schlecht ist. Nur geht es hier darum, ob das Bild den sinnfälligen Ausdruck der Situation vermittelt

Es ist in diesem Buch schon mehrfach deutlich geworden, daß ein Bild, wenn es sich lediglich auf das Nachmachen der Realität beschränkt, meist nur sehr ausdrucksschwach, nichtssagend und belanglos wirkt. Sehen, Verstehen und das Entwickeln einer Bildkonzeption wurden als wesentliche Vorbedingungen für ein gelungenes Bild herausgestellt.
Sie haben in den vorigen Kapiteln gelernt, daß es zum einen um das Erkennen des Typischen, des Originellen, des Ungewöhnlichen im Motiv geht, also um das, was es wert ist, im Bild gezeigt zu werden. Zum anderen – und das gehört in dieses Kapitel – geht es darum, ob man die offensichtlichen Gegebenheiten im Interesse der Ausdruckssteigerung verändern darf.

Bitte betrachten Sie die Bildgegenüberstellung auf dieser Seite. In beiden Aquarellen ist ein kleines Kirchlein neben einer Pinienreihe abgebildet. Außerdem sind ein paar Zypressen zu sehen und ein wenig interessanter Vordergrund, der in beiden Fällen auch nur angedeutet ist. Was nun unterscheidet die Bilder – außer der Art des Farbauftrags und der Malweisen, die im oberen Bild weitgehend an der Wirklichkeit orientiert ist und im unteren als freiere Gestaltung erscheint?
Sicherlich sind Ihre Beurteilungsmöglichkeiten deswegen eingeschränkt, weil Sie nicht die tatsächlichen Gegebenheiten kennen. Auch eine abgedruckte Fotografie würde an dieser Stelle recht unergiebig sein, weil sie – wie weiter vorn dargestellt – immer nur eine bestimmte Ansicht, einen Ausschnitt aus der Realität zeigt und darüber hinaus alle anderen sinnlichen Reize nicht vermitteln kann. Für meine Malgruppe und mich hatte dieses

Motiv schon recht bald einen Titel: „Der Zeigefinger Gottes". Die Pinienreihe beschreibt nämlich einen Bogen, der praktisch auf die Kirche zeigt. Im oberen Bild ist die Dynamik dieser Bewegung durch die kräftig angelegten Zypressen unterbrochen. Außerdem ist die Dunkelheit der Pinienreihe zurückgenommen und ihr Schwung eher abgeschwächt, beruhigt, entspannt. Aber genau das ist es ja, was allen an der Situation so ausdrucksvoll erschien: die vitale Bewegung, die auf das Kirchlein weist. Alles andere ist in diesem Zusammenhang schmückendes Beiwerk: die genaue Gestalt der Kirche ebenso wie die botanisch exakte Darstellung der Bäume, die Tektonik der Landschaft, das Spiel von Sonne und Schatten und die typischen Farben der Toskana.
Mit dem Ziel, nette, aber belanglose „Bildchen" zu malen, sollten Sie sich nicht zufriedengeben. Tun Sie aber auch nicht so, als käme es beim Aquarellieren nicht so genau auf Einzelheiten oder Besonderheiten an. Eine Ausdruckssteigerung setzt eben einen Ausdruck, etwas als ausdruckswürdig Erkanntes voraus. Und das wiederum verlangt, daß man überhaupt etwas erkannt hat. Am besten funktioniert das natürlich, wenn man sich weitgehend an die Darstellung der Wirklichkeit hält. Durch direkten Vergleich kann man nämlich gut kontrollieren, ob das Bild gelungen ist, ob es der Realität entspricht. Was, Sie wissen es, nicht fotografisch genaues Abbilden bedeutet. Für jede Veränderung – mit der Absicht, den Bildausdruck zu verstärken – sollte man wenigstens sich selbst Rechenschaft ablegen. Die Frage danach, ob ein Aquarell gelungen ist oder nicht, lautet in dieser Hinsicht also nicht: „Sieht das entstandene Bild gut aus?", sondern: „Habe ich mit meinem Bild das Typische des Motivs verdeutlichen können?"

Um es im Zusammenhang mit diesem Bild noch einmal zu verdeutlichen: Es geht hier nicht darum, ob dieses Aquarell besser oder schlechter ist als das auf der linken Seite. An dieser Stelle geht es in erster Linie um die Frage nach der Ausdrucksqualität des Bildes (die dritte Betrachtungsebene von Seite 116). Und in diesem Zusammenhang ist der „Zeigefinger Gottes" eben auch für den Betrachter des Bildes besser erkennbar, nicht nur für anwesende Kursteilnehmer . . .

Das abgebildete Aquarell macht die Nähe zum Betrachter sehr deutlich, auch die Gegenüberstellung der beiden Bäume im Text wird – wenigstens was ihren Wuchs und den Größenunterschied zwischen ihnen anbelangt – anschaulich. Weniger gelungen ist die so deutlich beschriebene Charakterisierung der Magnolienblätter (klappernd und wie lackiert) sowie der Blüten (rein und schneeig), ebensowenig der eigenartige Wuchs der kleinen Zypresse

Ein Text als Malanlaß

Außer nach der Natur zu malen, können Sie natürlich auch nach Fotografien (dazu habe ich bereits etwas geschrieben), nach Musik (dazu kann ich im Rahmen dieses Buches leider nichts mehr schreiben) und nach Texten malen. Hermann Hesse hat, wie Sie vielleicht wissen, selbst gemalt. Möglicherweise erklärt das seine bildhafte Sprache. Hier ist als Beispiel ein Textauszug, der den Gegensatz zwischen einer großwüchsigen Sommermagnolie und einer zwergenhaften Zypresse beschreibt. Es ist fast schade, daß eine Bildlösung an dieser Stelle abgebildet ist. Trotzdem sollten Sie den Text aufmerksam lesen, um dann Ihr Bild davon zu entwickeln und zu malen. Schließlich ist die Abbildung ja auch nur eine einzige Lösung, und es gibt sicherlich viele andere Möglichkeiten, den Text ausdrucksstark in ein Bild zu übersetzen.
Insbesondere Anfänger haben große Schwierigkeiten, sich von konventionellen Bildauffassungen zu lösen. So fällt die Gegenüberstellung der beiden Bäume dann auch meist so aus, wie es die kleine Skizze zeigt: als Komposition kraftlos, als Gegenüberstellung belanglos und vom Bildausdruck her nichtssagend. Ein riesiger Baum kann nämlich im Grunde überhaupt nicht auf ein Bild passen (schon gar nicht im Querformat), der abgebildete Baum kann einem nicht das Licht nehmen, er ist alles andere als wildwüchsig und kraftstrotzend.
Um ein derartiges Thema wirklich nachempfinden zu können, muß eine Beziehung zum Betrachter hergestellt werden. Er muß durch Nähe und konkret Nachvollziehbares mit der Situation und damit mit den beiden Bäumen unmittelbar konfrontiert werden, so als stünde der eine auf seinem Balkon und der andere unmittelbar davor.

meist sehen die Bild(chen)lösungen allerdings so aus

Gegensätze

von Hermann Hesse

Es ist hoher Sommer, und seit Wochen schon steht der große Sommermagnolienbaum vor meinen Fenstern in Blüte; er ist ein Sinnbild des südlichen Sommers, in seiner scheinbar lässigen, scheinbar gleichmütig langsamen, in Wirklichkeit aber rapiden und verschwenderischen Art zu blühen. Von den schneeweißen, riesigen Blütenkelchen stehen immer nur ein paar, höchstens acht oder zehn, zugleich offen, und so zeigt der Baum während der zwei Monate seiner Blüte eigentlich im Großen immer den gleichen Anblick, während doch diese herrlichen Riesenblüten so sehr vergänglich sind: keine von ihnen lebt länger als zwei Tage. Aus der bleichen, grünlich angeflogenen Knospe öffnet sich diese Blüte meist am frühen Morgen, rein weiß und zauberhaft unwirklich schwebt sie, das Licht wie schneeiger Atlas widerspiegelnd, aus den dunkelglänzenden, harten, immergrünen Blättern, schwebt einen Tag lang jung und glänzend, und beginnt dann sachte sich zu verfärben, an den Rändern zu gilben, die Form zu verlieren, und mit einem rührenden Ausdruck von Ergebung und Müdigkeit zu altern, und auch dies Altern dauert nur einen Tag. Dann ist die weiße Blüte schon verfärbt, sie ist hell zimtbraun geworden, und die Blütenblätter, gestern wie Atlas, fühlen sich heute an wie feines, zartes Wildleder: ein traumhafter, wunderbarer Stoff, zart wie ein Hauch und doch von fester, ja derber Substanz. Und so trägt mein großer Magnolienbaum Tag für Tag seine reinen, schneeigen Blüten, und es scheinen immer dieselben zu sein. Ein feiner, erregender, köstlicher Duft, an den von frischen Zitronen erinnernd, aber süßer, weht von den Blüten herüber in mein Studierzimmer. Der große Sommermagnolienbaum (nicht zu verwechseln mit der auch im Norden bekannten Frühlingsmagnolie) ist nicht immer mein Freund, so schön er auch sei. Es gibt Jahreszeiten, in denen ich ihn mit Bedenken, ja mit Feindschaft ansehe. Er wächst und wächst, und in den zehn Jahren, in denen er mein Nachbar war, hat er sich so gestreckt, daß die spärliche Morgensonne in den Herbst- und Frühlingsmonaten meinem Balkon verloren geht. Ein Riesenkerl ist er geworden, oft kommt er mir in seinem heftigen, saftigen Wuchs so vor wie ein derber, rasch empor geschossener, etwas schlacksiger Junge. Jetzt aber, während seiner hochsommerlichen Blütezeit, steht er feierlich voll zarter Würde, klappert im Winde mit seinen steifen, glänzenden, wie lackierten Blättern und trägt behutsam Sorge um seine zarten, allzu schönen, allzu vergänglichen Blüten.

Diesem großen Baum mit seinen bleichen Riesenblüten steht ein andrer gegenüber, ein Zwerg. Er steht auf meinem kleinen Balkönchen, in einen Topf gepflanzt. Es ist ein gedrungener Zwergbaum, eine Zypressenart, keinen Meter hoch, aber schon bald vierzig Jahre alt, ein kleiner knorriger und selbstbewußter Zwerg, ein wenig rührend und ein wenig komisch, voll von Würde und doch kauzig und zum Lächeln reizend. Ich habe ihn erst neuerdings geschenkt bekommen, zum Geburtstag, und nun steht er da, reckt seine charaktervollen, wie von jahrzehntelangen Stürmen geknorrten Äste, die aber nur fingerlang sind, und schaut gleichmütig zu seinem Riesenbruder hinüber, von welchem zwei Blüten genügen würden, um den würdigen Zwerg zuzudecken. Ihn stört das nicht, er scheint den großen feisten Bruder Magnolie gar nicht zu sehen, von dem ein Blatt so groß ist wie bei ihm ein ganzer Ast. Er steht in seiner merkwürdigen kleinen Monumentalität, tief nachdenklich, ganz in sich versunken, uralt aussehend, so wie auch die menschlichen Zwerge oft so unsäglich alt oder zeitlos aussehen können.

Bei der gewaltigen Sommerhitze, die uns seit Wochen belagert, komme ich sehr wenig hinaus, ich lebe in meinen paar Zimmerchen, hinter geschlossenen Läden, und die beiden Bäume, der Riese und der Zwerg, sind meine Gesellschaft. Die Riesenmagnolie erscheint mir als Sinnbild und Lockruf alles Wachstums, alles triebhaften und naturhaften Lebens, aller Sorglosigkeit und geilen Fruchtbarkeit. Der schweigsame Zwerg dagegen, daran ist nicht zu zweifeln, gehört zum Gegenpol: er braucht nicht so viel Raum, er vergeudet nicht, er strebt nach Intensität und nach Dauer, er ist nicht Natur, sondern Geist, er ist nicht Trieb, sondern Wille. Lieber kleiner Zwerg, wie wunderlich und besonnen, wie zäh und uralt stehst du da!

Die bildhafte Sprache verweist darauf, daß Hesse selbst gemalt hat

Tricks und Kniffe

Im vorangegangenen Kapitel steht, daß Sie mutiger in bezug auf das Spiel mit den gestalterischen Mitteln sein sollten. An dieser Stelle möchte ich das insofern einschränken, als das keine Aufforderung war, nach Tricks und Kniffen zu suchen, die dann vermeintlich tolle Bilder herbeizaubern. Ein „mickeriges“ Aquarell wird nicht dadurch besser, daß Sie mit der Rasierklinge darauf herumkratzen, Salz darauf streuen oder mit dem Kugelschreiber versuchen, die Armseligkeit des Ganzen ein wenig „aufzupeppen“.

Eigentlich wollte ich, um ganz deutlich zu zeigen, was ich von solchen Tricks halte, diese Seite völlig unbedruckt lassen: Ich halte nämlich nichts davon!

Natürlich können oder sollen Sie sogar alle Möglichkeiten ausprobieren, mit dem Material spielen und sich von den Ergebnissen überraschen lassen. Natürlich kann ein „vermurkstes“ Aquarell noch immer ein guter Malgrund für eine Gouache, eine Kreidearbeit, ein Pastell oder etwas ähnliches sein. Aber bitte tun Sie all das nicht mit der Absicht, das Bild zu verbessern. Die Perfektion der Trickkiste ist eine Sackgasse! Sie entwickeln darin Ihre eigentlichen künstlerischen Fähigkeiten nicht mehr weiter (eine Sackgasse hat ein – meist ziemlich schnelles – Ende), und Sie müssen wieder ganz zurück, dorthin, wo Sie schon einmal waren, um andere Wege auszuprobieren, und das ist ein recht schmerzhafter Vorgang.

Bleiben Sie so lange wie möglich offen für Neues. Künstlerische Neugier ist keine Frage des biologischen Alters! Arbeiten Sie intensiv, ehrlich und ernsthaft, aber um Himmels Willen nicht verbissen und immer nur auf das Ergebnis schielend. Denken Sie daran, was Böcklin gesagt hat; daß das Ziel dem Künstler selbst unerwartet erscheinen kann.

Wolf Wrisch
Colleoli
1989
Das Buch beginnt mit einer Serie von Bildern, die einen zauberhaften kleinen Ort in der Toskana als Motiv verwenden. Hier zum Abschluß noch einmal Colleoli, von einer anderen Seite gesehen. Das Bild ist als Mischtechnik gestaltet. Über einem großflächig angelegten Aquarell liegen frei schwingende Lineaturen und Bündelungen von Kreideschraffuren. So vermittelt sich die nachmittägliche Ruhe und das nervöse Flimmern der Hitze. Auch die Farbwahl greift eine Polarität auf: Bis ins Komplementäre (Gelb-Violett) steigert sich die Spannung von besonnten warmen und schattig kühlen Zonen

Register

Fette Seitenzahlen verweisen auf ausführlichere Erläuterungen des Begriffs.

Abbildungsnachweis und Danksagung

Die meisten der abgebildeten Skizzen, Übungen und Aquarelle sind Kursergebnisse; die anderen wurden aus den Arbeiten verschiedener Künstlerinnen und Künstler ausgewählt. Gemeinsam ist (fast) allen Beteiligten, daß sie selbst Aquarellkurse leiten. Unbedingt hervorzuheben ist, daß sich der Großteil von ihnen die Technik selbst angeeignet hat. Trotz aller Widerstände und Hindernisse, die der Alltag mit sich bringt, trotz Familie, Kindern und Arbeit. Ich merke das hier deswegen an, weil von vielen Anfängern immer wieder bezweifelt wird, daß so etwas leistbar ist. Gerade darum war es mir wichtig, auch andere Aquarellisten an diesem Buch zu beteiligen. Der zweite, wesentlichere Punkt war der, daß es nicht darum gehen kann, Ihnen eine bestimmte Gestaltungsart zum Nachmachen anzubieten, sondern daß Sie möglichst eine Vielzahl unterschiedlicher Herangehensweisen und damit die tatsächliche Breite der Möglichkeiten kennenlernen.

Weil die meisten Abbildungen im Buch Ergebnisse aus unterschiedlichen Kurszusammenhängen zeigen, macht es wenig Sinn, ihre Urheberschaft im einzelnen namentlich zu kennzeichnen. Dagegen sind die unten aufgeführten Abbildungen eher als eigenständige künstlerische Leistungen zu verstehen.

Allen beteiligten Künstlerinnen und Künstlern, Kurs- und Malreisenteilnehmerinnen und -teilnehmern an dieser Stelle noch einmal mein herzlicher Dank für die Bereitschaft, ihre Bilder für dieses Buch zur Verfügung zu stellen! Dank sagen möchte ich vor allem auch Erika Schuldt, die sich die Mühe gemacht hat, mein Manuskript zu entziffern und per Computer in eine leserliche Form zu bringen.

Petra Ackermann
Das Fest der warmen Farben, 1990, 38 x 49 cm (S. 126)

Antke Bornemann
3 Landschaftsstudien, alle 1989, 17 x 24 cm (S. 73)
Winterlandschaft, 1986, 11 x 23 cm (S. 93)

Kurt Froese
Toskanische Landschaft, 1989, 34 x 44 cm (S. 67)
Gegensätzliches, 1990, 36 x 48 cm (S. 123)

Anne Greggersen
Zwischen den Gärten (Acsa), 1990, 42 x 56 cm (S. 119)

Adelheid Diedrich
ohne Titel, 1988, 48 x 36 cm (S. 108)

Christel Hasper
Brombeergesträuch, 1989, 24 x 32 cm (S. 117)

Marianne Hasselbring
Rainfam, 1989, 30 x 40 cm (S. 116)
Stilleben, alle beide 1990, 30 x 40 cm (S. 104/105)

Barbara Johns
Hortensien im Garten, 1989, 36 x 48 cm (S. 35)

Irmgard Kung
Übung nach Turner, 1990, 17 x 21,5 cm (S. 13)
Überlagerungen, 1989, 56 x 43,5 cm (S. 25)

Renate Meyer
Wümmewiesen, 1988, 25 x 25 cm (S. 79)
ohne Titel, 1986, 10,5 x 22 cm (S. 100)
ohne Titel, 1989, 24 x 32 cm (S. 101 oben)
ohne Titel, 1986, 24 x 34 cm (S. 101 unten)

Helga Neuber
Birke, 1989, 34 x 48 cm (S. 124)

Ulla Pagenstecher
Landschaft, 1990, 36 x 48 cm (S. 37)

Uta Pöhlmann-Hölzel
Gemüse, 1988, 50 x 35 cm (S. 28)
Gemüse, alle beide 1988, 36 x 48 cm (S. 33)

Jelena Reinert
Blumenvase, 1988, 48 x 63 cm (S. 30)
Landschaft, 1988, 19 x 26 cm (S. 74)
Melle, 1990, 32,5 x 48 cm (S. 125)

Almut Siefkens-Zehle
Wangerooge, 1986, 45 x 33 cm (S. 127)

Käthe Westerhausen
Verlassenes Grundstück mit Palme, 1988, 30 x 40 cm (S. 8)
Palme, 1988, 32 x 24 cm (S. 9)
Stilleben, alle drei 1990, 30 x 40 cm (S. 107)

Wolf Wrisch
Bougainvillea, 1988, 100 x 70 cm (Titel und S. 47)
Colledi, 1989, 80,5 x 67,5 cm (S. 1)
Colledi, 1989, 53 x 72 cm (S. 2/3)
Colledi, 1989, 56 x 42 cm (S. 4)
Hvar, 1984, 47,5 x 37 cm (S. 39)
Landschaft, 1990, 70 x 100 cm (S. 41)
Himmel, Meer und Insel, 1986, 75 x 56 cm (S. 62)
Colledi, 1989, 64 x 47 cm (S. 63)
Bäume, 1985, 36 x 48 cm (S. 71)
Landschaft, 1984, 21 x 30 cm (S. 75)
Von der Terrasse des Hotels (Hvar), 1987, 54 x 72 cm (S. 118)
Am Strand (Es Trenc, Mallorca), 1987, 48 x 36 cm (S. 126)
Colledi, Kreide über Aquarell, 1989, 42 x 56 cm (S. 133)

Kunsthistorische Bildbeispiele

S. 11: Joseph Mallord William Turner (1775–1851)
Venedig, San Giogio Maggiore von Dogana aus, Aquarell, 1819
(22,6 x 28,6 cm; The British Museum, London)

S. 14: August Macke (1887–1914)
Innenhof des Landhauses in Saint-Germain, Tunis, Aquarell über Bleistift, 1914
(26,5 x 20,5 cm; Städtisches Kunstmuseum, Bonn)

S. 83 oben: Claude Lorrain (1600–1682)
Blick auf den Tiber vom Monte Mario, um 1640
(18,5 x 26,8 cm; The British Museum, London)

S. 92 oben links: Jaques Fouquier (um 1590–1659)
Flußlandschaft, Aquarell
(21 x 32 cm; Kunsthalle, Bremen)

S. 92 oben: William Taverner (1703–1772)
Landstraße zu einer Kirche führend, Aquarell
(21,5 x 28,9 cm; The British Museum, London)

S. 92 rechts unten: Johann Christoph Erhard (1795–1822)
Rastende Künstler im Gebirge, 1819, Aquarell und Feder
(12,8 x 18,4 cm; Kunsthalle, Bremen)

S. 93 oben: Paul Cézanne (1839–1906)
Landschaft in der Provence, um 1880, Aquarell und Gouache
(34,6 x 49,9 cm; Kunsthaus, Zürich)

S. 93 Mitte: Johann Wolfgang von Goethe (1749–1832)
Landschaft, um 1787, Aquarell
(20,7 x 27,5 cm; Goethe-Nationalmuseum, Weimar)

Alle Bleistiftillustrationen stammen vom Autor

Strichzeichnung für den Farbkreis (S. 19): Heinrich Blanke, Hünstetten

Fotos: Prof. Wolf Wrisch (S. 7, 82, 123); Michael Zorn, Wiesbaden (S. 36)

Den Text von Seite 131 schrieb Hermann Hesse.
(Aus: Bäume, it 455, © Suhrkamp Verlag Frankfurt am Main 1970
„Gegensätze" S. 89, 90, 92, 93

Auflösung der Farbtreffübung von Seite 32

1. Echtgelb hell und Kadmiumrot hell
2. Indischgelb und Ultramarin feinst
3. Kadmiumrot hell und Ultramarin feinst

ISBN 3 8068 4529 8

Titelbild: Prof. Wolf Wrisch

Satz: LibroSatz, Kriftel bei Frankfurt
Druck: Verlag und Druckerei Fortschritt GmbH, Erfurt

817 2635 4453 62